国家级非物质文化遗产代表性项目山西省保护成果丛书

弓宇杰 主编

聞喜花饃

吴白莹 李莉 著

山西出版传媒集团
北岳文艺出版社
BEIYUE LITERATURE & ART PUBLISHING HOUSE
·太原·

图书在版编目(CIP)数据

闻喜花馍 / 吴白莹，李莉著. -- 太原 : 北岳文艺出版社，2024.9. -- (国家级非物质文化遗产代表性项目山西省保护成果丛书 / 弓宇杰主编). -- ISBN 978-7-5378-6895-2

Ⅰ. TS972.132

中国国家版本馆CIP数据核字第20240XL147号

闻喜花馍

吴白莹　李莉　著

//

出品人
郭文礼

策　　划
马　峻

责任编辑
马　峻

装帧设计
夏慧文

封面题字
田　青

封面摄影
金玉敏

图片提供
贾耀辉　吴白莹　贺铁芳

宣传运营
刘思华　董江波

印装监制
郭　勇

出版发行：山西出版传媒集团·北岳文艺出版社

地址：山西省太原市并州南路57号

邮编：030012

电话：0351-5628696（发行部）　0351-5628688（总编室）

传真：0351-5628680

经 销 商：新华书店

印刷装订：山西基因包装印刷科技股份有限公司

开本：787 mm × 1092mm　1/16

字数：116千　印张：10.25

版次：2024年9月第1版

印次：2024年9月山西第1次印刷

书号：ISBN 978-7-5378-6895-2

定价：58.00元

国家级非物质文化遗产代表性项目山西省保护成果丛书

编 委 名 单

总 序

山西，简称晋，因春秋末期有过“三家分晋”的历史，所以也叫三晋大地。三晋大地，表里山河，外有滔滔大河，内有巍巍高山，更被柳宗元赞曰有“尧之遗风”。

大河是黄河，中华文明的母亲河；山有太行山，与王屋山一起，在中国古老的传说里彰显着我们祖先的不屈意志与奋斗精神。在那首著名的歌曲《人说山西好风光》里，有两句歌词动态十足，精彩至极：“左手一指太行山，右手一指是吕梁。”只有面对地图时，你才能想象出是什么人，要站在什么地方，方可如此洒脱地左一指、右一指，俯瞰这莽莽苍苍、云蒸霞蔚的中原故地。没有坐北朝南、站在云端之上的王者胸怀和气概，唱不出这样的歌。

的确，这里曾是王者之地。在古老的传说中，黄帝之妃嫘祖就是在这里的夏县教民养蚕缫丝，后稷就是在这里的稷山教民稼穑耕种。这里至今留有尧、舜、禹建业的踪迹，尧都平阳、舜都蒲坂、禹都安邑之说历来不绝。

如果说有关“三皇五帝”的遗迹和传说还需要考古证明，那么运城人自豪地说自己是关公的“老乡”，却是真真切切、毋庸置疑的。关公所代表的忠义精神，在中华民族传承千年，亘古不变，至今仍是中华传统文化的核心精神，为全球华人所尊崇坚守。

这里有数不清的历史故事，有数不清的历史遗迹。中国有一句话：“地下文物看陕西，地上文物看山西。”山西现存的全国重点文物保护单位和地上文物均为全国第一，素有“中国古代建筑艺术博物馆”的美誉，全国仅有的四座唐代建筑均在山西，比如五台山的南禅寺、佛光寺，至今散发着光耀寰宇的盛唐之光。此外，作为著名的“元杂剧”的发祥地，山西还有全国最多也是保存最完整的古戏台。据不完全统计，目前山西全省仍然保存完好的戏台约有两千座，遍布三晋大大小小的乡镇，几乎每一个大一点的村落，都会有一座面对神灵栖处的戏台，它成为传统中国农村的社会中心。

山西还是非物质文化遗产大省，列入国家级非物质文化遗产代表性项目名录的有182项，位列全国第三；列入省级非物质文化遗产代表性项目名录的有1173项；列入市级非物质文化遗产代表性项目名录的有2629项；

列入县级非物质文化遗产代表性项目名录的有6425项。现有国家级代表性传承人149人，省级代表性传承人1427人，市、县级代表性传承人分别为3527人和8341人，总体数量和涉及的“非遗”门类均排在全国前列。

金元时期，古平阳地区是除了元大都外最大的戏剧中心。千百年来，传统戏剧在这里生根发芽、枝繁叶茂，成为山西民众最主要的精神食粮，也是继承传播中华民族精神、智慧、文明的大学校。山西现存地方剧种多达54个，占全国传统剧种的六分之一。其中以山西梆子、蒲州梆子、上党梆子、北路梆子为代表的“梆子大戏”传承久远、影响巨大，诞生了许多名角和代表性剧目。其他如碗碗腔、线腔、耍孩儿、罗罗腔、青阳腔等戏曲形式异彩纷呈、争奇斗艳，深得民众喜爱。

山西还是民歌的海洋和民间歌舞之乡，到处都有着非常精彩的民歌与民间舞蹈，每到春节、元宵节，“闹红火”的队伍都会把欢乐撒向天空与大地。鼓舞、秧歌舞、狮舞、高跷、旱船、竹马、二鬼摔跤、背棍、铁棍和抬阁等传统舞蹈成为中华传统节日的亮点和必备的“大餐”。山西的民歌闻名天下，河曲、左权号称“歌窝子”，《走西口》与《桃花红 杏花白》的歌声脍炙人口，其独具特色的动人旋律与一唱三叹、鲜活生动的唱腔以及继承了《诗经》传统的歌词，无不是劳动人民的伟大创作，如一颗颗宝石，璀璨夺目，历久弥新。山西的器乐曲，也丰富而精彩，其中五台山佛乐、恒山道乐曾与以“山西八大套”为代表的民间器乐互相影响，构成了山西各具特色的多个乐种。

山西农业发达，工商业和金融也起步较早，受它们影响的传统手工技艺也发展较快，其品类丰富、数量众多，分布广泛，称得上“物华天宝”。其中平遥推光漆器、平定刻花瓷、长子响铜、稷山螺钿、平阳木版年画、阳城生铁冶铸技艺、绛州澄泥砚、上党堆锦、黎侯虎等民间传统工艺在全国影响较大。山西传统工艺中的民间剪纸、布艺、皮影、绢人、泥塑等更是特色鲜明，成为一张张瑰丽多彩的“山西名片”。

我虽不是山西人，但与山西渊源甚深。1982年，我考入中国艺术研究院随杨荫浏先生攻读研究生学位，为了论文写作，第一次去山西考察，初登五台山，领略了青庙、黄庙的佛教音乐。1988年，我再访五台山，在山西省音乐舞蹈研究所的帮助下找到了繁峙县的释了丛法师。1989年3月，一个以释了丛法师为首的佛教乐队以“中国五台山佛乐团”的名义随我赴香港参加“第一届佛教音乐国际研讨会”，第一次走出山西，登上国际舞台。1998年，受赵朴初居士委托，我与李家振先生拜访李鸿儒老师组建的佛乐班，在此基础上组织了“五台山沙弥佛乐团”；同年3月，我率团赴台湾在台北中山堂演出，轰动宝岛。2002年，应左权籍作家刘红庆之邀，参加左权县文化局召开的有关民歌前途的研讨会，从而认识了石占明并推荐他参加了当年在浙江仙居举办的第一届“南北民歌擂台赛”，“羊倌歌手”一举成名，获“十大歌王”称号。2003年，我再访左权，结识了刘红权和“左权盲人宣传队”的弟兄们。回京后，我在《人民日报》发表《阿炳还活着》等文章，并将他们请到北京的大专院校和新闻媒体机构演出，开启了“左权盲人宣传队”向天而歌、誉满天下之路。2004年，我作为艺术总监，再次带领由已经长大了的“沙弥”们组成的五台山佛乐团参加两岸三大语系、八大丛林组成的“中华佛教音乐展演团”出访美国、加拿大等国，并到台湾、香港、澳门等地演出。2019年和2020年，我参与策划了全国性的民歌盛会“左权民歌汇”，让左权这座古城成为全国的民歌中心和当今时尚青年的“打卡地”。2021年，我作为山西非物质文化遗产展演团的艺术总监，参与策划了在台湾举办的“中华非物质文化遗产月”活动，让三晋大地源远流长、五彩缤纷的非物质文化遗产亮相祖国宝岛，为宝岛亲人带去了“表里山河”的乡情与问候。

今天，“国家级非物质文化遗产代表性项目山西省保护成果丛书”即将出版，我相信这套丛书在分门别类、具体生动地介绍山西非物质文化遗产的同时，会很好地弘扬中华传统文化，极大地促进我们，尤其是青年们的文化自信，更会让全国人民、世界人民了解山西，了解中国，在山西“非遗”的百花园里更深刻地感受到中华民族生生不息的伟大智慧、伟大精神。

向所有非物质文化遗产的创造者和传承人致敬！

向所有非物质文化遗产保护工作者致敬！

山西省晋中市左权县龙泉乡龙则村荣誉村民

田　青

目录

序

花馍，作为中国北方农村地区一种普遍存在的民间艺术形式，除日常食用外常常被用于人生礼仪的各种场合，因此又被称作“礼馍”，也被称作“面塑”“面花”。闻喜县被誉为“花馍之乡”。这里的劳动人民在生产生活中，创造了一种充满朴素乡土情感和浓厚生活气息的民间艺术——闻喜花馍。

闻喜县独特的自然地理、历史人文及民间文化环境，是闻喜花馍产生和发展的必要条件。古河东稷王山麓的峨嵋台地，是农耕始祖后稷诞生地和教民稼穑、首育五谷之地。民以食为天，晋南人爱吃馍，长久以来这一切都为闻喜花馍的产生、演变、丰富与发展奠定了天时地利的优越条件。经过数千年的发展，闻喜花馍以其精美的造型设计和丰富的文化内涵被公认为民间面塑艺术的代表之一，深受广大民众的喜爱和推崇。

闻喜花馍作为一种面食，其造型精美独特、色彩明艳靓丽，寓意丰富多样，其制作过程和用途都反映了当地丰富多样的文化传统和社会生活。在花馍制作过程中，艺人们以熟练的手法进行制作，如揉、搓、捏、剪、压等，再配合以蒸、烤等烹饪方式，使得每个花馍都显得生动逼真，仿佛拥有了生命一般。

作为山西省闻喜县的特色文化符号，闻喜花馍已经成为当地重要的文化代表之一。据《中国地方志民俗资料汇编·华北卷·闻喜县志》记载："地产十九为麦，常食唯一于馍，面条多以作汤，烙饼间以待客。妇女往来所携惟馍，岁时伏腊馈遗，亦惟馍，俗谓之'馍馍礼'。"[①]在不同的场景下，闻喜花馍被赋予或美好，或悲伤，或神圣的含义，这些含义都具有鲜明的文化指向和表述模式。在婚嫁礼俗到节庆风俗中被赋予的特殊文化内涵，是闻喜人审美观念的体现，同时也是闻喜民俗风情、价值观念、精神世界的载体，因此得到了继承与发展，流传至今。

随着科学技术的兴起和经济的繁荣、人们思想观念的解放以及社会发展和文化的进步，闻喜花馍的现代美学价值得到了更多的关注和认可。因闻喜花馍技艺独特、历史悠久，在2006年与定襄面塑、焙面面塑、新绛面塑共同作为山西面塑艺术入选省级非物质文化遗产名录；2008年以其独有的食用、观赏、礼仪功能，作为传统美术——面花的成员被列为第二批国家级非物质文化遗产，这些都是对闻喜花馍的肯定和鼓励。

① 丁世良，赵放：《中国地方志民俗资料汇编 · 华北卷》，书目文献出版社，1989，第699页。

闻喜花馍，不仅是对古老技艺的传承，更是在后人的创新推动下，发展成“舌尖”上的产业。无数闻喜人，靠着花馍，“蒸”出了热气腾腾的好日子，同时闻喜花馍这一传承上千年的非物质文化遗产，更是在闻喜县委、县政府的推动下，“活”了起来，“走”了出去。

然而，随着社会现代化进程的快速推进，许多传统文化和手工艺正面临着前所未有的挑战。机械化的生产方式、快节奏的生活模式、新兴文化的冲击，使闻喜花馍这一古老的民间艺术也正在逐渐失去其原有的生存环境和社会需求。

为了保护和传承这一珍贵的文化遗产，本书将全面深入地介绍闻喜花馍的历史渊源、制作技艺、文化内涵以及其在当代社会的传承与创新发展。希望通过本书的出版，让更多的人了解并关注这门古老的民间艺术。同时，我们也希望能引起更多人对闻喜花馍这一非物质文化遗产的关注和重视，进一步推动民间艺术的保护、传承和发展。

吴白莹

2024年3月

第一章

闻喜花馍的历史渊源及流变

法国艺术哲学家丹纳在研究产生艺术作品的规律时曾指出：作品的产生要看时代精神，要看身边的风土人情。

山西地处太行山之西，历史上曾是晋国的疆域，故划分为晋北、晋中和晋南三大区域，亦被誉为“三晋”大地。在这片广袤的大地上，山西花馍以其独特的魅力纵贯全省，从北到南均有其踪迹。作为晋南地区具有代表性的闻喜花馍，最初源于人们对图腾的崇拜，始于汉朝，盛于明清。随着历史的推进和人们生活方式的转变，闻喜花馍不仅被赋予丰富的文化内涵，还衍生出众多功能，从日常生活的婚丧嫁娶到各种节庆习俗，从馈赠礼品、商业产品到宣传展示，从最初的民间食品到地方特色文化的代表，都折射出其深厚的历史底蕴和文化价值，花馍的地位和影响力不断提升。闻喜花馍不仅是人们审美观念的体现，也是文化民俗、价值观念和精神世界的载体，以精致大气、色泽明艳、工艺精湛的特点传承至今。

第一节　闻喜的自然地理环境

闻喜县隶属于晋南地区运城市，地处运城盆地与临汾盆地之间，拥有得天独厚的自然环境和丰富的农业资源。闻喜县的地貌独特，三面环山，地势西北、东南高，中间低，有河谷、塬地、丘陵和山地等多种地形。其中，中条山横亘东南，海拔一般在1100米左右，最高处汤王山海拔达到1571米。西部有稷王山，海拔1279米，东部紫金山海拔也在千米左右。而中部和南部地势则相对平坦，海拔一般在650米以下，丘陵垣地遍布县境，这种地形特点适宜发展多种农业产业，这里的土地广袤且肥沃，自古以来就是小麦种植的主要区域，不仅为当地农民带来稳定的收入，而且形成了独特的面食文化，使得闻喜县的面食在晋南地区乃至全国都享有盛誉。

同时，闻喜县位于我国中纬度内陆地区，属于暖温带半湿润大陆性季风气候。在阳光照射、季风环流以及地理环境的共同作用下，闻喜年降雨量约506毫米，为农作物的生长提供了充足的雨水，这种气候特点使闻喜县的农业生产和生态环境得到了良好的发展，农作物产量较高，品质优良。此外，闻喜县的水资源也相对丰富，主要有涑水河和沙渠河两条河流，为农业灌溉提供了重要的水源保障，使得闻喜县的农业生产得以持续发展。

在这片丰饶的土地上，闻喜花馍成为当地的一大特色。特别是闻喜北垣馍，更是以其清香爽口、筋道十足的口感而备受赞誉。究其原因，北垣地势较高，水位较深，地下水经过厚厚的过滤层后，变得纯净且甘甜。这样的水质为馍的制作提供了优质的水源，馍的口感会更加细腻，风味独特。此外，北垣位于峨嵋岭腹地，这里的小麦生长周期比其他地方长出数十天。长时间的生长使得小麦胚乳更加丰满，营养丰富，麦质上乘。这样的小麦磨出的面粉，不仅营养丰富，更有着独特的口感和风味。这些条件共同造就了北垣馍的独特口感和品质，使其成为正宗的闻喜花馍的代表。

总的来说，闻喜县的自然地理环境为当地农业的发展提供了优渥的条件。闻喜花馍作为当地的特色美食，充分利用了这些自然条件，将小麦的美味发挥到了极致。无论是从水源、土壤还是气候等方面，闻喜县都为这片土地上的人们提供了丰富的资源和美好的生活环境。这也使得闻喜县成为一个充满活力和魅力的地方，吸引着越来越多的人前来品尝这里的美食和体味这里的文化。

闻喜丰收的麦田

第二节 深厚的历史文化底蕴

运城作为华夏民族的发源地之一，拥有深厚的历史文化底蕴。追溯人类起源，这里发现了地球上最早的“世纪曙猿”牙齿化石，证明了人类在此地的早期活动。万荣县的后土祠是专门为纪念女娲娘娘而建造的古老建筑。古时的舜帝派遣董父在此地养龙，揭开了龙文化的历史序幕。嫘祖教导人们养蚕抽丝，织布缝衣，使人们告别了粗陋的兽皮树叶。黄帝与蚩尤的战争，造就了解州和解池（盐池）的出现。而善于用兵的风后被埋葬在风陵渡，守护着山西的西大门。后稷，在舜帝时期担任农官，他教会了人们耕耘播种，培育出五谷杂粮，解决了食物短缺的问题，为农业文明的发展奠定了基础。尧、舜两位帝王在这片土地上共同创造了太平盛世，禹则挖掘龙门，治理水患，为天下百姓造福。猗顿发展了畜牧业，救济了灾民并帮助了穷人，展现了古人的仁爱之心。此外，中国第一个奴隶制国家——夏朝也在此诞生，标志着中国古代文明的开端。

运城这片神奇的土地，不仅孕育了丰富的物质文化，更滋养了无数杰出的历史文化名人。他们或在文学、艺术领域独领风骚，或在政治、军事舞台上叱咤风云，或在科学技术领域取得了卓越成就。在文学领域有司马迁、王勃、王维等文学巨匠。司马迁的《史记》被誉为“史家之绝唱，无韵之离骚”，为后世历史学研究树立了典范；王勃的《滕王阁序》文采斐然，被誉为“千古第一骈文”；王维的诗歌则清新脱俗，意境深远，被誉为“诗佛”。在政治和军事方面有春秋时期的著名政治家、军事家管仲，他的治国理念和军事策略至今仍具有深远的影响；三国时期的名将关羽，他的忠诚和勇猛成为后世的楷模。此外，运城在科学技术领域也取得了举世瞩目的成就。如南北朝时期的数学家刘徽，他在数学领域取得了许多开创性的成果，为后世数学发展奠定了基础。这些历史文化名人的涌现，不仅彰显了运城文化的独特魅力，也为后人留下了宝贵的精神财富。闻喜县裴柏村更是被誉为“中国宰相第一村”，涌现出众多官员和将领，他们的卓越成就为运城地区的繁荣与辉煌在历史留下了浓墨重彩的一笔。

同时，运城地区的红色文化也是熠熠生辉。在抗日战争和解放战争时期，运城作为革命老区之一，见证了众多革命先烈的英勇事迹和革命精神。在抗日战争时期，运城地区的红色文化如同璀璨的星辰，照亮了黑暗的岁月。无数革命先烈在这里留下了他们的足迹和热血，他们用自己的生命和信仰，捍卫了国家和民族的尊严。他们的英勇事迹和革命精神，成为运城红色文化的重要组成部分，激励着后人不断前行。在解放战争时期，运城再次成为革命的重要阵地。这里的红色文化在

运城盐池

战火中得到了进一步的传承和发扬。革命领导人和烈士们用自己的鲜血和生命，为人民的解放事业谱写了壮丽的篇章。他们的精神力量，激励着广大人民团结一心，为新中国的诞生而努力奋斗。这些宝贵的红色资源，不仅丰富了运城深厚的历史文化，更为其注入了丰富和深刻的红色元素。

闻喜花馍艺术作为运城地区的文化名片之一，其源远流长的历史得益于这片土地深厚的文化底蕴。丰富的历史和文化积淀为花馍艺术提供了无尽的创作灵感，使其在传承中不断发展，与时俱进，始终保持勃勃生机，展现出形式各异、多姿多彩的艺术风貌。

第三节　闻喜花馍的发展源流

一、神话传说中的花馍

相传，在上古时期，后稷的母亲邰氏，上山时踩踏了一个巨大的脚印，回家后便怀孕了，邰氏父母感觉丢脸，便将女儿赶出家门。在山洞中生下男婴的邰氏，深觉这个婴儿是导致自己落魄的原因，便将男婴扔于路边。几天后，发现山中的牲畜及豺狼虎豹见到此婴全都绕行，并未敢伤害他的性命。于是又将孩子扔至山下的池塘，但又看到青龙围着男孩转，母虎在给孩子喂奶，雕给孩子撑伞，邰氏感到这孩子并非常人，便将其带回养育，这个孩子便是后稷。传说闻喜孕育了后稷，后稷作为我国古代农业的鼻祖，他教会闻喜人种植庄稼，面食也应运而生。自此，民间会在小娃娃新生、满月、周岁的时候，做龙虎养、雕打伞的花糕，由姥姥送给小娃娃，以祈求农神的保护，让孩子平安健康长大。

流传在闻喜的还有一个家喻户晓的故事，据说明末清初的闻喜城关东宋村人翟凤翥，在江西任道台时，路过景德镇瓷窑，发现一男一女两个孩童端坐于祭台前，询问之下得知，因烧废好几窑瓷器，他们准备用童男童女祭窑，希望可以烧出精美的瓷器来。为救孩子，翟凤翥让自己的夫人做了一套童男童女造型的花馍。开窑时，用面捏制的男孩女孩、火神花糕与祭文一起祭窑，之后烧出了美丽的瓷器。这个故事流传至今，说明闻喜花馍的制作技艺在此之前已开始流行，发展至明清时期，技艺娴熟到栩栩如生、以假乱真的地步。

二、闻喜花馍的发展流变

面食作为省时、便捷且耐饥的主食，特别适合农忙时节食用，其悠久的文化历史，源远流长。沁水下川是山西境内旧石器时代晚期具有代表性的文化遗址，距今已有约两万年的历史。在这个遗址中，出土了一系列与原始农业紧密相关的生产工具，其中包括用于粮食加工的石磨盘和石磨棒等。这些发现充分证明了在旧石器时代晚期，山西地区的粮食加工技术已经存在，为面食文化的兴起和发展奠定了坚实的基础。

汉以前少有面食，自汉代始，小麦成为北方的主要农产品，再加上对石磨技术的改进，我国的面食开始了新发展。据著名民俗学家鲁汉先生考证，“馒头即民间面花的滥觞”，“民间面花应该起源于汉代”。闻喜花馍在历史文献中的记载，可追溯面塑的发展历程。颜师在

《急就篇》的注释中提到“溲面而蒸熟之，则为饼”。当时所称的面饼就是今天的馒头，由此可以将我国黄河流域的面食文化定位于汉代。《齐民要术》中记载了十几种饼的制作方法[①]，由此可得，人们开始不满足于单一的制作方法。《晋书·何曾传》中记载：“蒸饼上不坼作十字（坼作十字即在蒸饼上作十字的装饰）不食”[②]，《赵录》中记载：“石虎好食蒸饼，常以干枣、胡桃瓤为心蒸之，使坼裂方食”[③]。由此看出，那时人们已开始在蒸饼上添加一些辅助食料，这是人们最早对馒头做装饰的证明。据记载《封氏闻见记校注》：“玄宗朝，海内殷赡，送葬者或当衢设祭，张施帷幕，有假花、假果、粉人、麫粻【一本作兽】之属”[④]。可以看出这一时期花馍开始被用于民俗活动中，用作祭祀之物。宋朝《东京梦华录》中曾有记载：“正月初一，京师人家大多食索饼；人日则食煎饼；上元节有丝笼和油外锤，也就是炸元宵；二月二有迎贵果子；三月初三有面做的镂人；寒食节要食子推饼，清明节……谓之花瓜。又以油面糖蜜造为笑靥儿……谓之狮蛮”[⑤]。

闻喜花馍盛行于明清，经过一千多年的发展历史，形成独特的艺术风格和完整的制作体系，具有极高的文化品位和浓郁的地方特色，成为岁

①贾思勰：《齐民要术》，远方出版社，2007，第158页。
②白晓旭：《“有馍就有事，有事就有馍”：闻喜花馍的饮食人类学研究》，硕士学位论文，内蒙古师范大学民族学系，2018，第28页。
③邱庞同：《知味难·中国饮食之源》，青岛出版社，2015，第201页。
④封演：《封氏闻见记校注》卷六《道祭》，赵贞信校注，中华书局，1958，第61页。
⑤孟元老：《东京梦华录》，中华书局，1985，第46—50页。

时、节日中不可缺少的元素。明朝我国对花馍的分类已很精细，每种花馍，各司其职，被赋予了很丰富的民俗意义。明代宋诩《宋氏养生部》“馒头”条云：“用醇酵和面，揉其匀，擀剂，内（同纳）馅，缄密之。先用荷叶或生芭蕉叶箪笼间蒸热，布齐置缓火中蒸微温取下。俟酵肥复置锅上，连火一蒸，视不粘已熟。遂逐枚移动也”[①]。可看出，花馍发展至此时，制法已经尤为精细。《府谷县志》记载，举行婚礼当天“亲朋各送贺仪，女亲送蒸馍、面食或猪羊、肉不等，或具酒筵一事，名‘团圆饭’”[②]。

清朝时花馍分类尤为精细，人生礼仪、节日礼仪分而行之。如过春节时会捏制各类花鸟、人物、动物花馍，形象生动逼真，以此来象征吉祥，保佑家人平安长寿。后来花馍甚至发展成为供人把玩的艺术品。随着花馍艺术的发展，专事花馍制造的民间艺人也应运而生，花馍在这些民间艺人的手中变得精致美观，加之中外文化的交流，使花馍艺术的题材更加丰富多彩，外来元素

①邱庞同：《知味难·中国饮食之源》，青岛出版社，2015，第203页。

②邱庞同：《知味难·中国饮食之源》，青岛出版社，2015，第204页。

也偶有融入其中。

台北成文出版社“中华民国”五十七年八月印行的由余宝滋修订、杨韨田等人编纂的《闻喜县志》卷九“礼俗”中记载“男子聘女，喜饼、布帛以外，必有花馍六十枚”，这是闻喜花馍在婚礼仪式中的使用惯例。这一习俗不仅规定了花馍制作的数量，还对其造型提出明确要求，需要捏制花鸟、人物等类型的面花置于花馍上，寓意白头偕老，共度幸福人生。“女家回礼有花馒头十余枚”，是对女方回礼的要求，这个时期花馍已经逐步形成体系。“妇初生子，母家先送烙饼，数如其年，戚友皆馈以火熁”，这里的火熁（xié）是指如今的“老虎火獬”，是希望老虎可以保护孩子成长，一般用于诞生礼。民国时期的习俗一直延续至今，当地人在婚礼、诞生礼仪当中，仍然保留着这些传统。

1949年中华人民共和国成立后，花馍文化也曾有过十余年的快速发展，民众日常生活都少不了花馍的身影。之后曾有一段沉寂期，1978年改革开放以后，市场经济发展越来越迅速，普通民众的生活更加富裕，花馍开始回归人们生活，闻喜花馍文化也迎来了新的发展机遇。2000年以来，国家越来越重视非物质文化遗产，并且开始进行文化保护工作，于是，闻喜花馍的发展与保护也逐渐被政府所重视。2006年，闻喜花馍被列为山西省非物质文化遗产保护项目；2008年，闻喜花馍入选国家第二批非物质文化遗产名录；2010年，闻喜花馍参与上海世博会进行展览；2012年，闻喜县举办首届“花馍文化节”，并且创造了四项吉尼斯世界纪录。第一项是由闻喜县畖底镇众村民制作的世界最“高”龙王面塑——“龙王神像”，此面塑高达14米，位列花馍展的第一位，其色彩鲜艳，高高在上，俯视众生，创造了世界最高的面塑纪录。龙王由面粉、钢筋和泡沫制作而成，用泡沫45立方米，用面粉1000余公斤，钢架结构有3吨之多。制作过程历时半个月时间，由20多个人参与制作。第二项是世界最“长”飞龙——“神龙”，面塑曲线长30.05米，创世界最长的面塑纪录。神龙面塑色彩斑斓艳丽，6000片面塑龙鳞触手可及，体型庞大且制作精湛。由礼元镇阜底村制作，共用100多公斤白面，每天80到100人进行制作，制作工期达半月。第三项是世界最“大”花馍——“龙腾盛世”花糕，高4.06米、直径2.012米，共20层，这件花馍作品一层一层堆高，最上层是天安门城楼的造型，下面还盘着九条世龙，寓意龙腾盛世，第二层是56朵向日葵象征着56个民族团结兴盛，第三层是百花争艳，第四层是四季发财，第五层是五谷丰登，内容丰富，内涵深远。第四项是世界最“大”面塑群像——“裴氏宰相·将军”，共113尊裴氏宰相将军群塑人物，平均身高为1.8米，创世界最大的面塑造像群像纪录，是裴柏村村民团结一致，使用2400公斤白面蒸制彩绘而成。近年来，闻喜花馍已经被视为一种地域符号，前往全国各地进行展览。当地花馍企业也迎来发展机遇，经济效益获得显著提升。

如今，人们在食用花馍的同时，不仅仅满足味觉的享受，还通过不断探索视觉美感，使其成为一种艺术追求。由于日常生活中多是农家妇女参与制作面食，花馍艺术呈现出广泛的群众性。花馍的制作使单调烦琐的家务活动变得多姿多彩，不仅展现了劳动人民的勤劳智慧，还形成了独特的闻喜面食文化，产生了精巧的制作技术和丰富多彩的样式。闻喜花馍既带来了味觉和视觉的双重享受，又展现了人们对美食文化的热爱和创造力，有力推动了闻喜花馍艺术的不断创新与发展，形成了文化品位丰富、民族特色浓郁的特点，打造出独特的艺术风格和原始的创作体系，是非物质文化遗产中一颗璀璨的明珠。

三、闻喜花馍的发展转变

闻喜花馍长期以来都是该地区婚丧嫁娶和岁时节日的重要元素。作为一种独特而富有地域特色的传统面食，已经深入人心，是当地人民日常生活中不可或缺的一部分，它承载着丰富的文化内涵和深厚的情感寄托，成为闻喜地区独特而璀璨的文化瑰宝。随着时间的推移，花馍从简单的日常食品逐渐演化为重要的礼仪符号。

在闻喜县，有一句俗语“有馍就有事，有事就有馍”，这充分体现了花馍在该地区的重大礼仪意义，花馍成为当地馈赠礼品的重要组成部分。直至今日，花馍仍是祭祖、节庆、馈赠、装饰、婚嫁、延寿等多种活动的吉祥用品。每逢节庆、人生礼仪等场合，人们都会蒸制相应的花馍，这些做法不同、形态各异的花馍形式代代相传，形成了地方特色。随着经济发展，花馍承载的内涵日渐丰富，其社会意义逐渐远大于实用意义。

在举办盛大的礼仪活动时，人们开始倾向于采用造型别致、色彩艳丽的花馍来增添喜庆气氛。作为主家，他们还通过分发精心制作的花馍来表达对来宾的感谢之情，这使得花馍成为一种承载着礼仪表达与情感交流的特殊符号。如今，随着社会的进步和生活的日益富裕，礼仪庆典对花馍的需求也水涨船高。然而，鉴于花馍制作的复杂性和对技艺的高要求，个人制作难以应对庞大的需求，这就推动了花馍由原先的个人制作转变为商业化的产品。

闻喜花馍在其演进过程中，不断融入人们顺应时代潮流的创新思维，从而推动其持续发展。随着国家的繁荣富强，人们不仅关注自己的生活，也更加关注国家的发展，每逢国家的重要庆典，心灵手巧的妇女们就用相关题材的花馍来表达对祖国的美好祝愿。这些色彩斑斓、形象栩栩如生的花馍，体现了农村人民乐观向上的生活态度，更展现了他们丰富多彩的精神世界。

随着时间的推移，闻喜花馍逐渐从百姓日常生活走进了文博会、世博会、博物馆等更宽广的公共展示平台，人们还会利用花馍来讲述民间故事、神话传说等，并通过各种展演活动宣传独特的花馍文化。这些活动不仅展现了闻喜本土人民的行为规范、思想信仰、精神向往和感情世界等，也为外界提供了了解闻喜本土文化的平台和契机，增强了人们对花馍文化的认同感，丰富了花馍的内涵，同时也实现了花馍从商业产品向宣传展示的转变。

第二章

闻喜花馍的制作工艺

在中国广袤的土地上，民间花馍艺术广泛分布，各地区和各民族的民俗习惯各有特色，使得民间花馍在色彩、样式和用途等方面都有所不同。闻喜花馍是一种具有悠久历史和深厚文化底蕴的民间传统艺术。在制作过程中，选取优质食材是必要的，而如何恰到好处地揉捏蒸制花馍也是一门艺术。经过多年的传承，闻喜花馍不仅融入了丰富的地方文化内涵，而且形成了独特的制作技艺。

第一节　闻喜花馍的材料

一、主要食材

任何物品在形成之初要考虑的第一要素是材料，材料不同会影响物品的质感、使用感受、保存期、使用方式等。闻喜花馍的造型丰富多样，因此所选择的材料要有较好的延展性、可塑性，这也将闻喜花馍的材料选择缩小到一定的范围。闻喜花馍多以北垣面粉为主要原材料，这主要得益于北垣地区的优势，由于地处峨嵋腹地，小麦生长周期长于其他地区，故而小麦颗粒饱满、筋性优良。闻喜人在花馍制作时，对小麦的筛选非常严格：首先要将所有小麦倒入大桶内，在桶里注入水，水的高度一定要高于小麦，用木棒搅拌且放置一段时间，麦粒很小或被虫子蛀食后不完整的麦粒会浮至水面，将其撇出；然后重复三四遍注水操作，剩下的是颗粒又大又饱满的麦子，磨出来的面粉细腻透白。用这样的小麦粉做出的花馍色泽白如瓷器，麦香十足。闻喜地区小麦种植和收割的价位分别为每亩200元—350元和150元—280元，成本较低，产量较高。北垣地区有大型面粉加工厂，专用小麦粉袋装价格每袋50元—100元不等，因此，闻喜花馍的原材料成本较低，使得作为一种民俗日用品的花馍物美价廉。

二、辅助食材

制作闻喜花馍除了使用小麦面粉外，还需要一种辅助食材，即玉米面酵。在酵母粉出现之前，人们通常使用自己制作的酵子来发酵面粉，这种做法成本相对较低。

制作玉米面酵子的过程相对复杂，可以分为以下步骤：

第一步：在温水中加入50克细玉米面粉搅拌成糊状后，继续加入玉米面并搅拌，直到成为黏稠的糊状物，最后用保鲜膜密封，放置在室温约为27度的环境下，静置一天左右即可完成发酵。

第二步：将保鲜膜掀开，面团较之前已有膨胀，且表面较为平滑，将适量温水分几次加入盆里，搅拌至糊状，再次用保鲜膜密封，放置在相同的环境下进行第二次发酵。

第三步：二次发酵完成后，掀开保鲜膜，发酵完成的面团表面将不再光滑，呈现出蜂窝状，加入适量的面粉充分搅拌后，整个盆里充满了面疙瘩。

面团发酵完成后，将其分成小团并压成饼状，放在透气的竹板上置于阴凉处晾干，就成为制作好的纯天然酵母，俗称酵子。

在酵子制作过程中需要注意，不能将发酵好的酵子放在太阳底下晒，否则酵子不能使用。选用玉米面做酵子是因为玉米面不容易干裂，且容易保存。在用玉米面酵发面的过程中，用水化开会有很浓的面香味，用玉米面的酵子发面制作出的花馍，具有浓郁的香味。

在闻喜花馍的制作过程中，大枣是除面粉外使用最多的辅助材料之一，它经常与面团层层搭配，用于制作花糕的底部。此外，红豆、绿豆、黑豆也经常被用作动物的眼睛，如老虎、龙、鸟等，在制作馄饨馍时，黑豆也是不可或缺的食材。胡椒也是闻喜花馍中常用的香料之一，它的加入能够提升花馍的香气，使其更具吸引力。大枣和黑豆在闻喜花馍中的用途多样，搭配的花样繁多，深受人们的喜爱。精心挑选的食材为闻喜花馍增添了魅力，这也是闻喜花馍得以广泛使用和传承的重要原因。

三、上色食材

上色在闻喜花馍的制作中是必不可少的一步。在以前，农村一般不采用颜料作为着色工具，他们会选用纯色的纸张，比如红色或者粉红色纸，将其浸泡在水里，再拿筷子点蘸着泡出来的颜色着色。因为水会将颜色稀释得比较淡，颜色不是那么鲜艳，都是较浅色调，花卉的色彩也不会显得艳丽，花样也比较简单。

当今，在花馍越来越商业化的同时，由于颜料的使用较为普及，所以花馍的颜色种类也丰富了许多，除了现代的色彩颜料以外，可用于食品上色的就是食用色素，它具备省时、易于着色以及长时间保存不易变色的优点。这种色素来源于植物提取，因此购买成本相对较低，同时携带和使用都十分便捷。

在花馍完成蒸制并充分晾干后，进行上色的环节是非常关键的，在闻喜花馍的制作过程中，上色是考验匠人技艺的环节。它需要技术娴熟的手艺人进行操作，以确保上色的效果既美观又均匀。在具体操作时，匠人需结合面塑的特点和制作要求进行灵活应用，使上色效果达到最佳状态。对于需要大面积着色的部分，花馍艺人通常选用竹签子或毛笔作为上色工具，而对于需要精细着色的部分，如小面积或细节处，则使用棉签或更细的签子进行上色。在制作普通对对馍时，也会直接使用筷子蘸取颜料进行上色。

为了制作出精美的花馍，从选材到制作的每一个环节都必须精心策划，细致入微。只有在严格把控材料质量的基础上，结合精湛的制作技艺，才能最终完成令人赞叹的花馍作品。

第二节　闻喜花馍的制作工具

闻喜花馍是一种群体形式制作的民间手工艺品，以其精细复杂的工艺和独特性而闻名。虽然制作花馍需要多个工序，但所使用的工具却相对简单，主要有菜刀、剪刀、角刀、顶针、木梳、擀面杖和牙签等日常生活常用工具。花馍艺人运用这些简单的工具，创造出了各式各样、形态各异的精美花馍作品。

一、捏塑工具

闻喜花馍需要借助各种刀具来完成造型。制作花馍时，大型菜刀常被用于切块，而小型剪刀和角刀则用于捏花和塑造细节。例如，一些花糕上的凤鸟羽毛、花草叶子等，都是使用剪刀剪出来的，这使得整体造型更加生动活泼。因此，除了用手塑造大体形状，刀具在花馍的细节塑造中也起着重要的作用。

除了刀具之外，闻喜花馍的手艺人还利用日常生活中的常见器具作为制作花馍的工具。例如，制作牡丹造型时，手艺人会使用梳子来按压出每一片花瓣的纹路，梳子的作用是塑造特定造型花馍的纹理。随着社会和经济的发展，闻喜花馍的制作方式逐渐多样化，为了追求更好的形态和视觉美感，花馍制作的工具也在不断增加，出现了可直接制作不同形态花馍的许多新型模具，使面团能够更快地呈现出所需形状。

二、常用蒸具

蒸是日常烹饪中的常见手段，多采用不同尺寸的多层蒸笼将捏制好的花馍蒸熟。多姿多彩的闻喜花馍通过蒸笼进行制作，不仅是因为其功能性的原因，还饱含着“蒸蒸日上”的美好寓意。

在我国，蒸笼的使用历史悠久，根据考古资料记载，人们使用竹子作为原材料制作器具在远古时代已有，河南密县打虎亭1号东汉墓中的古代厨房壁画，证明了蒸笼的存在。古代蒸笼多采用陶、青铜、竹等材料制成，到现在，蒸笼有了更多材质，如木质蒸笼、铝制蒸笼、不锈钢蒸笼等，这些新型材料的蒸笼都是为了适应现代家庭生活的需求应运而生的。闻喜县花馍手艺人家里多使用铝制蒸笼。

三、炊具及其他

蒸花馍离不开灶火，柴火大灶是闻喜花馍制作中重要的灶具之一。在

花馍常用制作工具

剪刀裁剪叶子

梳子制作花瓣纹理

中国传统的农耕文明中，柴火大灶是家家户户必不可少的灶具之一。直到现在，北方农村的许多家庭仍然在使用柴火大灶，即用砖砌的灶台。这种灶结构简单，灶台上面放一个大锅，前侧边通常有两个风口，一上一下。上面的风口调节火力大小，放置木材、煤炭等燃料，下面的风口则是通风口，用来掏灰。这两个风口虽然看起来一样，名字也一样，但功能各异。当上面的风口被封住时，下面的风口与灶口会形成空气流通，可以加快馒头的蒸制速度。

除了柴火大灶外，风箱也是非常重要的炊具之一。最原始的风箱是一个竖立的长方体盒子，前面有一个拉手，后面有一个风口，风口对准灶口。风箱主要为柴火大灶提供风力，对于花馍制作来说是必不可少的。

随着闻喜花馍逐步产业化，尽管传统的蒸笼仍然在某些场合被使用，但为了能够实现大规模花馍的连续蒸制，提高生产效率，通常会使用更先进、高效的蒸煮设备，如燃气蒸柜或电蒸柜。同时，这些设备也具有温度和时间控制的自动化功能，能够保证花馍的蒸制质量和口感的一致性。

闻喜花馍的制作工艺虽然复杂，但以刀具为代表的各种捏塑工具、蒸具和灶具都是必不可少的。正如徐艺乙教授所说：“工具的使用提高了劳动的效率和生活的质量。”每种工具在闻喜花馍的制作中都有其独特的作用。正是这些日常工具的使用，帮助闻喜的面塑民间艺人塑造出了各种形态的闻喜花馍。

第三节　闻喜花馍的制作工序

使用北垣面粉和北垣水制作的闻喜花馍最为正宗。做闻喜花馍至少需要四到五天，其过程有凝水、箩面、制酵、揉面、捏形、醒馍、蒸制、着色、插面花九大工序和一百多道小工序。

全手工揉捏闻喜花馍制作工序具体如下：

凝水：在蒸馍的前一天就要进行这步操作。首先用筛子、簸箕筛取小麦，将杂物与麦粒分离，用清水再淘洗几遍，随后将麦粒装在竹篮或者布袋子里，在阴凉地方放置约一日，这步操作是为了便于将麸皮与麦仁分离。

箩面：花馍用的面粉，在过去用石磨磨面时，取前两遍的，讲究的手艺人专门选取精粉，再用最细的丝制面箩筛过一遍，去掉其中的粗粉粒和碎麸皮。

制酵：首先要发好“酵水”。为了保证馍的口感，往往不用发酵粉，而是选用民间专门制作的“干酵子”。将“干酵子”揉碎后用热水浸泡，水的温度是重点，水温不能太低，否则第二天就不能发酵了。

揉面：第二天，将发好的干酵水按蒸馍量的多少，

箩面

掺进等量面粉，再加入温水和面，这是非常重要的一步，需要将面揉匀。将和好的面团搬到一个大的案板上，反复揉搓之后，艺人们会将面团分成几块，各自揉成一块，横放在一起，然后竖切成几片，再进行揉搓，至少要反复揉八遍，这样揉出来的面光滑柔韧，蒸出来的馍筋道、有嚼头。如果在和面时再加点醋和蜂蜜，这样蒸出来的花馍不仅外皮洁白光滑，而且不容易干裂，比较好储存。

捏形：将面揉成不软不硬的面团，然后用擀面杖擀成的面片，再用刀切成的面条，用手指捻成相应粗细的圆条，用剪刀剪出各种形状，经过团、搓、捻、擀、剪、切、扎、按、捏、卷等十多道工艺捏成各种形象的面团，再依据提前商定好的花馍品种、主体配件分开捏制或一体捏制，最后用筷子卷、梳子压、竹签插等各种工序使花馍成型。

花糕的糕底也在这期间一同制作。先将面团擀成圆形面饼，然后在底部开口处嵌入大枣。制作多个这样的三角形大枣馍，等花糕糕底的“芯”做好后，放在中间，旁边将带大枣的三角形花馍，横着放到“芯”的周围，围上一圈，然后用面将上面的缝隙填满，盖上事先准备的糕顶面饼，一个花糕的糕底便完成了。

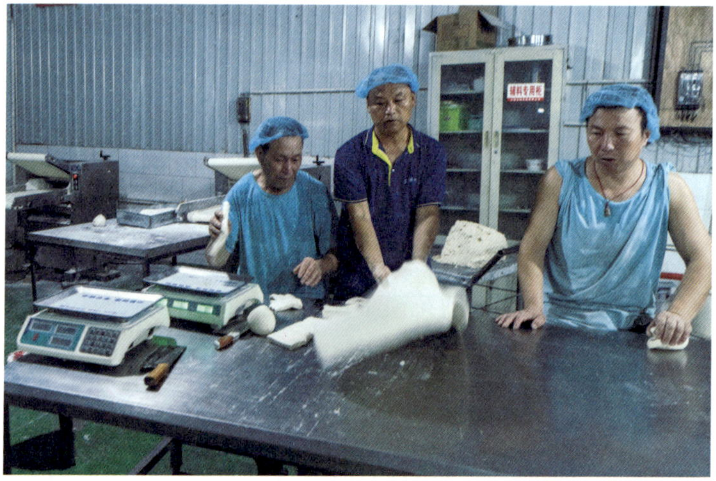

揉面

切面

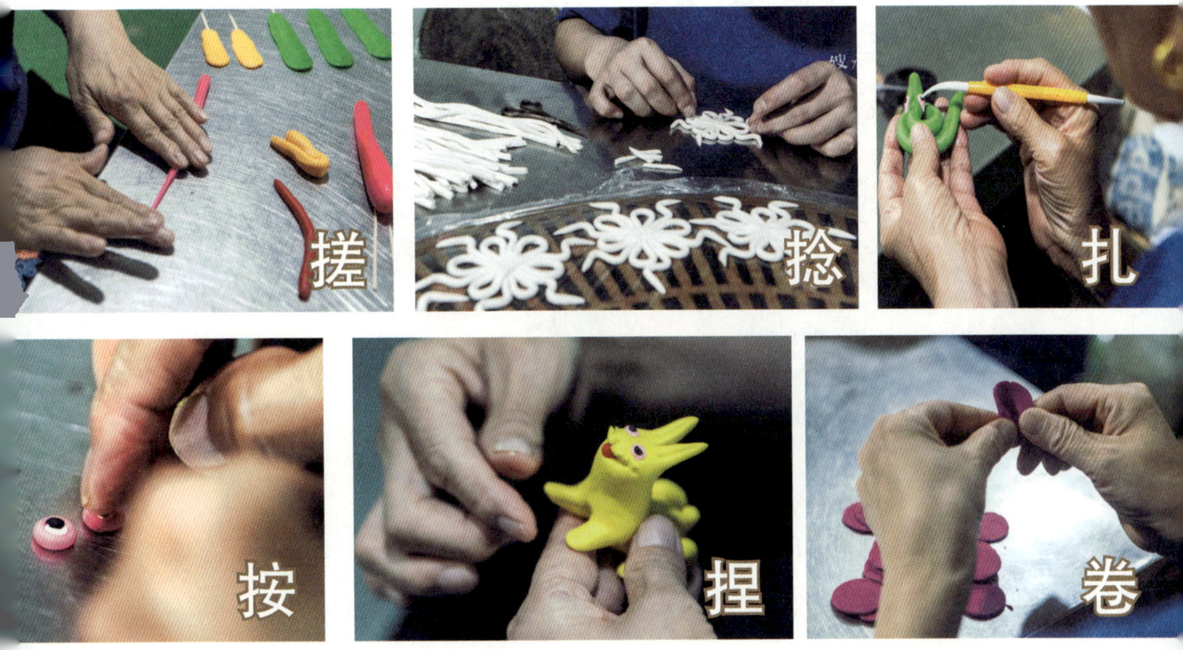

花馍制作工艺

花馍制作工艺

醒馍：捏制成型的馍，需要在温度稍高的地方放置一定时间，等待发酵，使其“虚”好，尤其是冬天，更要注意室内温度。这里的虚是指醒面，对于发好的面来说，醒面就是进行二次发酵，让面筋更好地发挥它增加韧性的作用，目的是蒸出的面食口感更松软。

上笼蒸制：醒好的馍就可以上笼蒸了，蒸的过程也有技巧。首先要把锅里的水烧开，再把放好馍的笼屉架在锅上，每层笼屉的衔接都要紧密，不能漏气。接下来要用大火使其升温，等气从最上面的锅盖出来之后，再用中火蒸半个小时，这半个小时里要保证锅盖上的蒸气一直都冒着，半个小时之后，把火熄灭，等气落了，就可以给馍揭盖出笼了。

上色：花馍出笼后就要趁热用食品色素点染、描绘，这样可使颜色艳丽，不易褪色。花馍可以分为素色花馍和彩色花馍两种。素色花馍以面粉

红枣嵌入花馍的方式

花糕糕底

花馍中的点染

鸟形面花

鱼形面花

本色为主，不再进行染色或彩绘，主要用一些辅助食材来装饰，比如用黑豆来装饰动物的眼睛。彩色花馍在绘制的过程中，会用到大毛笔、小毛笔、筷子、棉签等多种工具。如大朵的牡丹，花蕊需要用点涂的方式涂成淡黄色，花瓣需要一层一层地涂染至渐变的红色，叶子的颜色则是借助棉签涂成绿色，最后将花朵与叶子贴在一起就完成了。

插面花：插面花主要是在花馍表面进行装饰。根据花馍的主题和风格，设计出相应的图案，可以是花、草、虫、鱼、鸟等形象，也可以是吉祥语等。将制作好的这些部件与竹签组合后插放到花馍的适当位置，使花馍呈现更加精美的效果。

把上好颜色、插好面花的花馍摆好、晾干，就成为我们看到的那一个个色彩斑斓、千姿百态的花馍艺术品。花馍整个制作过程复杂，涉及的工序众多，需要熟练的手法和精确的操作才能完成。最终呈现的花馍，造型生动逼真，色彩鲜明，展现出一种粗犷而豪放的美感。这种美不拘泥于细节，却流露出一种质朴无华的魅力，让人深切感受到当地淳朴的民风。

制作完成的花馍

第三章 闻喜花馍的造型及艺术特征

闻喜花馍以其独特的造型和色彩特征，在人们的日常生活中占据了不可或缺的一席之地，还逐渐扩展到各种民俗活动中，如婚礼、葬礼、祝寿、婴儿满月、乔迁新居等庆祝场合。历经数千年的传承与发展，现在的闻喜花馍种类繁多，呈现出独特而多样的风貌，充分展现了中国传统文化的魅力与活力。闻喜花馍以其多样化的造型而闻名，每一个造型都蕴含着深厚的历史文化底蕴和丰富的民间艺术气息。无论是栩栩如生的动物形象，还是富有吉祥寓意的图案设计，都展示了匠人们精巧的手艺和创新思维。闻喜花馍的色彩运用大胆而艳丽，既体现了民间美术的色彩应用习惯，又承载了深厚的文化内涵和象征意义。它的造型与色彩相互辉映，完美结合，使得这一传统民间艺术品成为中华文化瑰宝之一。

第一节　闻喜花馍的造型种类

山西表里山河、四季分明，在地形上是“两山夹一川”，东西两侧是绵延的山系，中间夹着河谷盆地，约80%都是山地和丘陵，平均海拔在1000米，独特的自然地理条件孕育了丰富的动植物资源，这为花馍的制作提供了大量的造型素材。

闻喜花馍的造型源于自然界中的美好事物，古代神话传说和民间故事以及各种优秀传统文化，如祖国的山水风光，自然界的花、鸟、鱼、虫，象征吉祥的龙、凤、老虎等瑞兽，寿星、关公、西游记、八仙等人物形象和故事。这些既可以做主题创作，又可以作为主要物件或装饰元素，这些造型通过匠人巧妙的手工艺展现出来，构思巧妙，形象逼真，可谓包罗万象，惟妙惟肖，令人叹为观止，成为当今中国非物质文化遗产中一道亮丽的风景线。

闻喜花馍主要按照动物、植物等造型进行分类。

一、动物类

闻喜花馍多以动物造型为主。许多传统的花馍造型，如四龙八凤糕、龙凤糕、鱼跃龙门糕、生肖花糕等，常常用于庆祝婴儿诞生和满月等喜庆场合；老人们过寿时，会用五福捧寿花糕来庆贺；还有一些观赏类的动物造型，如孔雀开屏、马到成功等，这些动物造型不仅具有美感，还饱含着不同的祝福和寓意。

老虎是闻喜花馍中常见的一种动物造型。由于具有特殊的文化内涵和寓意，使其成为生肖花馍以及婚嫁、添丁等重要场合所必需的元素。在闻喜花馍的整个体系中，虎形花馍的用途较为广泛，形态也出现了不同变化，有的花糕中将虎的造型作为立体装饰部分，有的则是专门制作而成的独立的虎形花馍。民间艺人通过夸张的艺术手法，精巧地展现出老虎的神韵。双眼有神，犹如铜铃；牙齿锐利非凡，犹如打磨过的刀刃；嘴巴更似深渊，充满了震撼人心的力量。整个老虎花馍以明亮的黄色为主色调，黑色的条纹点缀其间，犹如虎皮斑纹。此外，手艺人还巧妙地结合了菊花、月季等植物的优美形态，使得整个造型更富有艺术感和视觉冲击力，充分展现了民间艺人的高超技艺和独特的艺术视角。

龙凤花糕上的龙凤造型都是用面团经过精细地制作和塑造完成的。在制作凤鸟时需要用面团整体塑造出凤的身体，再分别用数十个椭圆形面片拼接制作头部、颈部与尾部，并且椭圆形面片的边缘需要用剪刀剪出锯齿

花馍造型中的虎

花馍造型中的龙和凤

状的面须，体现出羽毛的质感，这样才更加逼真。手艺人还会运用黑豆、绿豆等辅助食材来制作出凤鸟的眼睛等细节部位，使得凤鸟的造型更加生动活泼。龙和凤的造型是龙凤花糕中最重要的两个部分，也是最能体现手艺人技艺水平的部分。通过精湛的制作工艺和独特的表现手法，手艺人将龙和凤的造型塑造得栩栩如生，让人们能够感受到传统文化的独特魅力。

在闻喜花馍中，鱼的形象也经常被使用。鱼的造型和纹样经过几千年的传承和演变，至今仍然是晋南地区人们日常生活中非常重要的元素之一。鱼因其多产多子的特性和“年年有余”的寓意，在民间美术装饰图案中成为多子多福和祈祷丰产的象征符号。婚礼仪式中的龙凤花糕上通常也会包含鱼的造型，寓意期盼新人多子多福。

花馍造型中的鱼

闻喜花馍还有一种特别的花馍造型——十二生肖。这种大型花馍以体积较大的馄饨馍为主体，一圈环绕着十二生肖中的动物造型。这些动物的形态各不相同，蛇和龙则盘旋在馄饨馍上，十二种动物的细节都制作得非常精致、形象。还在动物周围和白底上增添了瓜果植物等内容，侧面贴了一圈白面花馍，整体颜色鲜艳靓丽，堪称花馍中的精品。

花馍中的十二生肖

二、植物类

植物在闻喜花馍造型中最为常见，且广泛应用于各种场合。无论是庆典、祭祀还是日常生活中，植物类造型的花馍都能恰到好处地融入其中，增添浓厚的民俗氛围。花馍中植物花卉的造型种类十分丰富，九狮同菊、莲子馍、菊花馍、桃花馍、喜鹊报梅，展现了自然环境生态之美，是人与自然共生、亲近、协调的统一，体现人与自然的和谐关系。制作时，人们将竹子、荷花、菊

花馍造型中的花

花馍造型中的牡丹

花馍造型中的石榴

花、太阳花、佛手、石榴、牡丹花、梅花、月季等植物图案提炼后，利用梳子、牙签、剪刀等工具，运用捏、擀、剪、压、点缀等特殊手法，制作出各种形状的面花，这样做既保留了原始的植物特性，又增添了花馍艺术中的视觉美感。这类造型一般并非花馍的主体，因其造型相对较小，通常使用竹签进行连接，插在花馍或花糕上作为点缀，使整体视觉效果更加丰满。

在花馍的植物类装饰中，绿叶红牡丹的造型是出现最多的。牡丹花也被称为“富贵花”，当地人习惯用牡丹来表达期望未来过上富裕生活的美好愿望。牡丹花在闻喜花馍中通常作为龙凤糕等大型花馍的装饰而出现。为了与不同的花馍空间和色彩进行搭配，牡丹花的造型变化也比较多。

在结婚礼仪庆典中，花馍的石榴造型较多。首先花馍手艺人捏制石榴的时候，先将面捏成抽象的带尖的球状造型，然后用剪刀剪出石榴顶部的开口，造型抽象但却要经过细致刻画。叶子的造型也是以抽象的方式呈现，以大自然中各种真实的叶子形态为蓝本，通过筷子和剪刀等工具，精细地刻画叶茎的纹理，使得这些叶子不仅具备了抽象的艺术特质，同时也真实地展现了自然界中事物的特征。

除了牡丹花和石榴的造型外，还有一种莲花造型的面花，这种面花通常会与鱼的造型组合，形成“鱼戏莲花”的图案，代表着每年的生活都丰沛、富余。莲花作为婚礼花馍常用的题材之一，与牡丹花和鱼组合在一起，更加能够表达对于新人多子多福的美好祝愿。

此外，在闻喜花馍中寿桃的造型也是经常被使用的。在闻喜的家庭里，只要老人过寿，都会制作各种寿

百寿桃花馍

桃的造型。寿桃的制作相对简单，有些寿桃上还会捏出寿字，使得整个寿桃更显精致。在闻喜东镇上镇村花馍博物馆里，一件大型寿桃花馍格外引人注目，它被称为“百寿桃”。这件花馍以寿字作为装饰，这些寿字采用各种字体，经过精心烫金处理，显得格外华美。这不仅展现了闻喜花馍艺术的精湛技艺，也传递了祝福和长寿的美好寓意。

三、其他类

闻喜花馍除动物、植物类，还包括人物等其他各种不同造型。人物类花馍主要包括关公、郭璞等大型面人，也有一些小巧的面人供小朋友玩耍。这些面人以写实手法制作，细致地刻画了人物的形态、神态、动作和衣物等特点，栩栩如生。如：世界上最大的面塑造像群，由闻喜县礼元镇阜底村郭长虎等56位农民制作的中华裴氏宰相、将军群像。由120尊构成，其中宰相59个，将军59个，其他人物2尊。人物造像各具形态，身高在1.8米左右，共用面粉2400公斤。创世界纪录协会最大的面塑造像群世界纪录。此外，为了适应现代社会的发展，花馍造型不再局限于制作岁时节令以及人生礼仪、祭祀所用的花馍，而是发展出了各种具有设计感的花馍样式。在闻喜的花馍展厅中，展示了许多符合现代社会需求的花馍摆件，种类繁多，包括各种花篮、花盆、盆栽等，均由闻喜手艺人精心捏制而成。例如，一个大型花盆中插满了鲜花和绿叶，花盆周围刻有福字，这些现代花馍的造型独特且写实，色彩鲜艳丰富，形态生动别致。

花馍造型中的盆花

闻喜花馍作为民间艺术的瑰宝，以其精湛的技艺和独特的艺术风格，展现了民间艺人的智慧和创造力。其造型多变，却始终保持浓厚的地方特色和生活气息。它的制作，不仅是劳动人民对自然事物特点的提炼与挖掘，更是对和谐生态理念的追求与体现。闻喜人热爱自然，尊重自然，与自然和谐相处，这种理念在长期的生产生活中得到了充分体现。

花馍造型中的人物

第二节　闻喜花馍的造型特征

闻喜花馍造型样式繁多，独具匠心，既体现了民间艺人的精湛技艺，又彰显了地方文化的深厚底蕴。整体造型大胆夸张、随意洒脱。色彩搭配协调有序，具有明显的装饰意味，且观赏性强，无时无刻不透露出土生土长的闻喜人热情质朴、慷慨豪爽的人文性格。

一、立体性

闻喜花馍的造型特征与高浮雕的艺术形式有着相似之处。高浮雕是一种介于圆雕艺术和绘画艺术之间的创作手法，相比其他雕刻方式，它的造型技巧更容易掌握。它基本上是在平面上进行虫鸟花卉的雕琢塑造，雕出的作品生动、形象、逼真，栩栩如生。例如花糕，通过多层叠加，可以制作出十几层。花糕底部以云纹为装饰，中间镶嵌红枣，上面则捏制有十二生肖、多种花果，以及男女人物等元素。在民间，花馍作品中可以观察到一些雕塑的造型技巧，通过眼睛的观察、双手触摸感受材料的可塑性，手脑协调进行创作，最终形成的花馍作品呈现出手工制作的独特质感。

二、写意性

闻喜花馍的写意性，主要体现花馍造型不求形似的特点。闻喜花馍的创作者大多是未接受过专业训练的农村妇女，在制作花馍的过程中，由于工具和原料的限制，她们无法完全模拟自然，且不会刻意去追求对创作原型的精准还原，达到形象逼真，而是会充分发挥主观意识，根据创作初衷和所寄托的愿景，对创作对象的局部位置进行夸张处理；直接明了地表达情感，用写意的手法表达立体丰富的花馍形态，追求神韵上的相似。她们更注重表现情感，将主观情感融入创作中，使得花馍的造型具有写意性。这种创作方法使得花馍生动有趣，流露出一种写意和质朴、随性的拙趣。

三、象征性

闻喜花馍艺术是一种看似简单，实则经过精心制作的传统手工艺品。在捏制加工后，它不仅拥有美观的造型，还具有深层的象征寓意的特性。民间有这样一种说法："有图必有意，有意必吉祥"，中国人自古以来以含蓄委婉的方式表达情感，闻喜人也不例外，这也体现在闻喜花馍的艺术造型上。

闻喜花馍手艺人们充分发挥想象力，将动物的形神完美结合。在闻喜地区，长辈们常常通过闻喜花馍来表达对小辈的祝福和期许。例如，鸡和象的造型象征着吉祥，这是对美好前程的期许；鸳鸯的造型象征着夫妻间的恩爱与忠诚；鹤的造型代表祝福老人吉祥长寿的心愿。

除了动物造型，植物花卉类的闻喜花馍也同样具有深刻的寓意。例如，闻喜花馍中葫芦的造型象征着“福禄”，寄托着人们对去灾辟邪的愿望；梅花的造型则代表着五福：幸福、长寿、顺利、平和、快乐。这种含蓄而充满深意的表达方式，使得闻喜花馍艺术充满了独特的魅力和丰富的内涵。

四、抽象性

人们对事物的抽象性表达源于人类原始的思维方式。抽象的造型和夸张的设色是闻喜花馍作品的独特之处。有的花馍抽象变形成为一种符号，这种符号不仅造型简洁大方，还勾画出民众想表达的深刻寓意。闻喜花馍民间艺人通常采用夸张和直接的表现手法来突出形象的特性。他们以灵活的方式处理点、线和面，形成独特的艺术构成和组合。他们以抽象的形式表达个人情感，以及个人对周围事物的独特感知和理解。点、线、面，具有简洁而富有动感的特性，这种极简的方式有助于捕捉事物的典型特征，达到画龙点睛的效果，而非全面详尽的描述，因此作品更具有想象空间。在花馍造型中直线表达了直接和果断，曲线传递出柔和与优雅，而波浪线则展现出活泼和动态。不同的线条可以表达出不同的情绪，而组合在一起则可以创造出丰富多样的花馍形态。手艺人们通过重复、变换、扭转、叠加等方法，使得原本简单的几何图形有了万千种变化，制作过程充满了趣味，而最终花馍的塑造结果则让人感到惊喜和赞叹。

第三节　闻喜花馍的色彩语言特征

色彩在花馍的制作中起到了至关重要的作用。花馍艺术来源于生活，具有明显的民俗文化特征，鲜艳的色彩、巧妙的搭配，不仅增加了花馍的视觉冲击力，也丰富了其文化内涵和象征意义。

一、率真的色彩表达

闻喜花馍的色彩运用较为直接与大胆，民间艺人在创作花馍时，不拘泥于传统的色彩规范，而是根据个人的直观感受和审美偏好，选择鲜艳、明亮的色彩进行搭配，这种率真的色彩运用方式，使得闻喜花馍在视觉上更加生动、活泼，充满了民间艺术的独特魅力。同时，闻喜花馍的色彩率真性还体现在对自然色彩的直接模仿和提炼上。民间艺人善于从大自然中汲取灵感，将自然界中的色彩进行提炼和再创造，运用到花馍的制作中。这种对自然色彩的直接模仿和提炼，使得闻喜花馍的色彩更加真实、自然，充满了乡土气息和民间艺术的独特韵味。这种率真的色彩运用方式，不仅突显了花馍的质朴与率真，也为民间艺术的传承和发展注入了新的活力与生命力。

二、五色观的融合应用

闻喜花馍的色彩特点深受中国传统文化中五行与五色观念的影响。五行包括金、木、水、火、土，而与之相对应的五色则是白、绿、黑、红、黄。这种五行与五色的对应关系在中国历史上流传甚广，被视为一种基本的色彩观念。在闻喜花馍的色彩体系中，五色的运用丰富多彩，每一种颜色都有其独特的象征意义和审美价值，不仅体现了深厚的地域文化内涵与艺术魅力，丰富了花馍的表现形式，还进一步深刻反映了古人对自然界的理解和认知，传承了中华民族的传统文化。

白色：在闻喜花馍中，白色常常作为基底色出现，它不仅能够凸显出其他色彩的艳丽，还象征着纯洁和神圣。例如，在制作“寿桃”形状的花馍时，艺人通常会以白色为主调，象征着长寿和吉祥。

绿色：在制作以自然元素为主题的花馍时，如“鱼跃龙门”或“鸟语花香”，艺人常常会用青色来表现出大自然的清新和美丽，代表着生机和活力。

黑色：在闻喜花馍中，黑色并不常见，但它在某些特定场合中仍具有特殊意义。

红色：在庆祝节日或有其他重要场合时，红色花馍尤为常见，象征着喜庆和吉祥。例如，春节期间，人们会制作红色的“福”字花馍，寓意着新年的好运，表达美好的祝福。

黄色：在庆祝丰收或祈愿家庭富足时，黄色花馍尤为受欢迎，代表着丰收和富贵。比如，制作以麦穗为造型的花馍时，艺人常常会用黄色来表现出麦穗的饱满和丰硕。

三、高纯度的色彩表现

闻喜花馍在色彩表现上，以高纯度的色彩为主线，大胆且鲜明的配色形成对比强烈的色彩风格，使之达到装饰意味独特的艺术效果。高纯度、高亮度的红、黄、蓝、紫、绿等色彩对比，使得花馍在视觉上具有很强的吸引力和观赏性，使人产生兴奋和喜悦之情，这样的色彩搭配更贴近百姓生活，也能很好地融入百姓生活，不矫揉、不造作，符合中国民间美术讲求夸张、先声夺人的色彩运用特点。

高纯度的色彩还能够直接、强烈地表达情感，在一些大型庆典或祭祀活动中，高纯度的色彩更能营造出热烈、欢快的氛围。在闻喜花馍中，红色常常代表吉祥、喜庆，绿色则象征生机、希望，黄色寓意丰收、富贵。

这些色彩的选择和搭配，带来强烈的视觉冲击力，在众多传统面食中脱颖而出，成为人们瞩目的焦点，同时也寄托了人们对美好生活的向往和期待。

虽然闻喜花馍使用了高纯度的色彩，但在色彩搭配上却非常和谐，让花馍的色彩看上去既平衡又生动，比如在使用大红和绿色时，可以通过调整两种颜色的明暗度和饱和度来达到和谐的效果，使花馍在色彩上更加协调统一。

四、装饰性的色彩运用

闻喜花馍的色彩使用面积、明暗对比以及色彩的调和搭配，都体现了民间艺人们丰富的想象力和创造力，更反映了他们在长期实践中积累的智慧和经验，民间艺人通过深入研究、积极实践和不断完善，使这些传统技艺在保持原有魅力的基础上，更好地适应现代社会的需求和审美。

闻喜花馍常选用大面积的红色、绿色、黄色等主色调，配以橙色、蓝色、紫色等辅助色，以此创造出绚丽多姿的色彩效果。这些色彩主要来源于天然食材或植物提取的色素，如红枣红、菠菜绿、黄米黄等，不仅鲜艳富有装饰性，还不影响花馍的实用性。

闻喜花馍的色彩并不是简单随意地涂抹在面团上，民间艺人们经过长期的实践积累，能够熟练巧妙地运用色彩的对比与互补的装饰手法，将颜色与面团的形状、结构、线条等要素完美结合，使这些鲜艳的色彩在馍的表面交织成一幅幅灵动的画面，让花馍呈现出丰富的层次感和立体感，在视觉感受上既有对比又和谐统一，形成一种装饰性较强的色彩效果，显得花馍更加生动。他们凭借精湛的技艺，将花卉的娇艳、动物的灵动、人物的神态都表现得淋漓尽致。

这些装饰性的色彩设计也充满了创意和巧思，手艺人们将传统文化元素和现代审美相结合，他们深知传统文化元素的重要性，因此在色彩设计中融入了诸多传统元素，如红色、黄色、绿色等，同时也不忘现代审美的重要性，他们在传统色彩的基础上进行了创新，引入了更为丰富、多样的颜色，使花馍的色彩设计既具有民族特色，又不失时尚感。每当人们在欣赏这些色彩斑斓、造型各异的花馍时，都会从中深深感受到传统文化的魅力和民俗风情的独特。花馍作为闻喜地区的重要民俗文化遗产，其发展变化中的色彩设计所体现出的文化内涵和审美价值，无疑是对传统文化的最好传承，也是传统手工艺品在现代社会中依然保持着旺盛的生命力和吸引力的重要原因。

五、象征性的设色方式

闻喜花馍的色彩运用，远非简单的视觉呈现，它承载了丰富的文化寓意和心理暗示。民间艺人在制作花馍时，不仅考虑其美观度，更融入了人们对生活的美好期许和情感寄托。色彩在这里，成为一种特殊的语言，不仅是对美好生活的视觉描绘，更是民间艺人们传递人们对平安、顺利、幸福安康等美好愿望和期盼的媒介。

在中国传统文化中，红色被赋予吉祥、喜庆的寓意，深受中国人的喜爱。因此在婚庆场合，大红色成为花馍的首选色调，通过大量红色的点染，花馍呈现出热闹欢快的氛围，传递出主人的热情和喜悦。这种色彩选择，不仅是对新人幸福婚姻的祝愿，也是对亲朋好友共享喜悦的邀请。

白事的整体色调与红事相反，葬礼中整个氛围通常是非常肃静和悲凉的。在亲人离世后，我们会听到伤心的哭泣声，体会到对于亲人离世的不舍。人们会准备素色的老虎、门神等花馍，这些素色花馍象征着保护和安心，通过花馍来寄托自己的悲伤感情，希望死去的人能够安息，同时这些花馍也呈现出了安静的氛围，在传递悲伤的同时，也为人们提供了一种情感的宣泄和寄托。

花馍色彩选择和搭配，结合特定形式和故事情节，反映了人们内心深处的情感向往，是色彩象征性的独特体现和精确表达。闻喜花馍色彩的特殊含义和象征意义各不相同，具有独特的文化内涵，与中国古老的哲学观念、道德理念、价值取向、宗教意识等紧密相连，相互渗透，让花馍成为连接人与人、人与文化、人与情感的桥梁。

第四章

闻喜花馍的社会功能及文化内涵

闻喜花馍作为深深根植于民间，且具有丰富文化内涵的艺术形式，其创作灵感源于民间风俗和生活礼仪，与当地的民俗生活紧密相连，成为这片土地上不可或缺的文化瑰宝。它不仅满足了社会活动的需求，还与人们的信仰紧密相连，因此传承至今。作为先辈们智慧的结晶，闻喜花馍不仅是民俗特色的体现，更是一种生态价值的展示，其美学理论形式在人与自然、人与社会的互动中得到了充分展现。

第一节　闻喜花馍的类别

闻喜县以花馍著称，闻喜人早已将花馍融入他们的民风民俗中，对于他们来说，闻喜花馍不仅仅是果腹之食，更是与他们的人生大事、节日庆典密切相关的必备之物。闻喜花馍品种繁多，从造型上主要分为四大系列：花糕、花馍、吉祥物和盘顶花馍，多达两百多个品种。

花糕

花糕可谓闻喜花馍之最，花样多，块头大，整体呈圆形，直径50厘米左右，大者20千克左右，由上下多层组成，其功用类似国外的蛋糕，寿辰、婚嫁时皆可使用，意在祝愿人们平安吉祥，生活美满。花糕以其多样的形态成为众人瞩目的焦点，其精美的花形设计，为观赏者带来了极强的视觉美感，使人难以忘怀。花糕设计巧妙，各层自然融合，丰富的装饰使其氛围更显浓郁，让人不禁感叹其技艺之精湛。

祝寿花糕

花糕最下面一层是糕底，中间一层外围是如意祥云夹红枣，中心是白面和白糖、蜂蜜拌红枣，这是花糕的主要组成部分。再上面一层为糕面，糕面与糕底基本相同，用来铺满各种花草，这三层统称为糕座，是可食用的部分。最上面一层是能够将花馍艺人的手艺发挥到极致的大平面，立体扦插着各种祥鸟、龙凤，其中龙屈体腾空，凤展翅欲飞，还有精美的神话传说、爱情故事和象征吉祥的图案造型。

龙凤花糕

九凤朝阳花糕

九狮拱菊花糕

花糕随场合不同，内容含义也各不相同，名称也就不同，最具代表性的花糕有：春节的布篮糕、节节糕；大喜之日的“上头糕”一般有龙凤糕、鱼跃龙门、箫笛引凤、西厢记、天仙配等，其中龙凤取“龙凤相配、阴阳大合、天赐良缘”之意；端午节的虎镇五毒、五谷丰登节节糕；立柱上梁时用的招财进宝花糕、九狮（室）拱菊（居）花糕等上梁糕；给老人祝寿的花糕有五蝠（福）捧寿、五女拜寿、八仙庆寿、九仙捧莲、鹤寿延年等。这些花糕的题材均取自中华传统文化中的传统花鸟图案、历史故事和神话传说等，如鲤鱼跃龙门、麒麟送子、五女拜寿、九凤朝阳、状元游街等。

花馍

花馍与花糕的区别在于它是由一个简单的馒头造型做底，或稍作造型，或局部染色，其底座不像花糕那样有几层，因此它的表现方式简约而不简单，也是闻喜花馍系列中最常见、最实用、使用频率最高的一个类型。无论是节日庆典还是日常生活，花馍都能烘托热闹喜庆的欢乐氛围。在祭祀和丧葬等庄重和肃穆的场合，花馍也会增添仪式感。

花馍是用半球形、桃形、鱼形等面团做主体，上面扦插各种动植物花型和人物形象，使不同主题的寓意体现于其中。花馍种类很多，有大烧馍、对对馍、枣花馍、馄饨馍、石榴馍等。花馍的题材也很多，如苏三起

馄饨馍

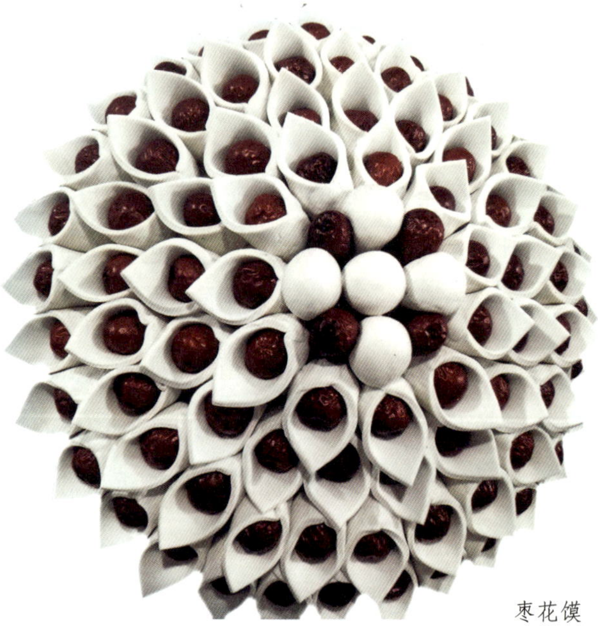

枣花馍

解、李彦贵卖水、仙女观灯、哪吒闹海、十二生肖、娥戏菊、龙凤配、虎卧龙门、三阳开泰、蝴蝶滚瓜等等。

大烧馍，一般有九凤朝阳、四龙四凤、九狮齐举、养雕龙生虎、撑伞龙生虎等。对对馍，顾名思义就是成双成对的馍，由两个相同的花馍组成，常见的有凤戏牡丹对馍等。其中最特别的要数夫妻馄饨馍了，它是由两个相同的花馍组成，外形独特，如石榴馍、菊花馍、莲花馍、芍药馍等。虽然在制作过程中，有的只用了红枣做成，但花馍艺人对花的热爱，以及对大自然的敏锐观察力，都可见一斑。还有以整只动物作为主体物，呈现出多姿的形态，比如有龙、凤、虎、狮、兔子等动物造型的花馍。

吉祥物

吉祥物，顾名思义大多出现在喜庆的场合，寓意吉祥，十分讨喜。没有馍当底座的吉祥物，更多的是展示闻喜花馍的制作技艺；以馍为底座的吉祥物花馍，在造型上受到了一定的限制，但却让它在极具辨识度的同时，变得特立独行起来。

每逢佳节吉日和民俗活动，人们总会充分发挥想象蒸制出各种各样的吉祥物花馍，用以寄托美好的期盼和祝愿。有龙凤、老虎、遮风火獬、谷积、书包、砚台及各种禽畜家用物什等，真可谓千姿百态、应有尽有。如小孩满月、岁时，长辈要送的遮风火獬、老虎火獬、虎腿等，其外形特征突出，一看便知为何所用，寓意也是

砚台花馍

书包花馍

非常明确，让人觉得极其应景，心生欢喜。正月十五有民谣：“大门狮子，二门狗，三门上边鸬鸽吼，猪头放在猪圈边，羊头摆在羊栏前，鱼儿要和水缸连，布石上有棒槌杆……”

常见的吉祥物花馍形象有比较霸气和工艺复杂的麒麟送子、龙凤配、虎虎生威等，也有比较朴实大方的，让人看到有轻松感的花馍造型。越是简单，越是考验手艺人的功夫，塑造的形象是不是生动、直接，讲究点到为止，抓住特点不放，造型上标新立异。

花馍艺人的真功夫，则体现在这些花馍造型的每一处细节。吉祥物简约而不简单，仔细分析，特点的表现和位置布局都很到位，动物类的花馍作为吉祥物可以让人轻松辨识，将布篮（针线袋）、卷袋、提包、箩筐、谷堆、麦积等日常生活中都能见到的东西做成的花馍也都一眼能看得出来。这些灵感全部来自生活，体现了民间花馍艺人对自然的敏锐观察和对美好生活的热爱。除了这些之外，花馍艺人还会把壁虎、蛇、虫等生活中的其他动物作为表现对象，惟妙惟肖地塑造出来，意趣盎然。

盘顶

在丧葬祭祀活动中，盘顶花馍被放置在食箩的顶部，作为艺术品供人欣赏。它借助具体的物品来传达情感，没有实际的使用价值，完全是一种纯粹的艺术表现。因此，制作盘顶花馍的过程非常讲究，注重细节和精致度。

盘顶

盘顶花馍在造型上追求夸张的效果，通过大比例和粗犷的线条来展现出其独特的形态。盘顶花馍的色彩比一般的花馍更为浓重，人们通过这种花馍，寄托对逝者的深深怀念和追思。以粗线条浓色彩的创作方式打造出的盘顶花馍具有震撼人心的力量，让人肃然起敬。

盘顶有人物、动物等多种造型。人物盘顶，一般以民间传说和戏剧人物为内容，常见题材有西游记、白蛇传、 三娘教子；动物盘顶亦是成对呈现，有狮、虎、梅花鹿、仙鹤、大象等，最常见的是一对绿色的狮子和一对金色的老虎，其含义是看门守户。

闻喜花馍四大系列之间，虽各有不同，但又相辅相成，相互之间不可分割。无论哪种民间活动，所用花馍都不是单一系列。四大系列的不同之处在于，制作上：花糕、花馍主要以装饰为主，主体没有多大变化，可食用，但装饰部分只供欣赏；吉祥物花馍，本身形体千变万化，整体可食用；盘顶，本身就是艺术品，只供欣赏，不可食用。风俗应用上：花糕主要用于喜事，又称喜糕；花馍，主要用于祭祀，相互馈赠；吉祥物，除火獬是赠予孩子，希望孩子平安外，大都是节日，特别是过年、十五自家所用；盘顶只用于丧葬。

闻喜花馍深深扎根于民间，题材上依托广为人知、家喻户晓的故事情节和吉祥象征，以中国历史文化和艺术为背景，赋予其深厚的内涵和寓意。它传递出人民群众对美好生活的向往之情，触动观者的情感共鸣，展现出花馍艺术的独特魅力和民间工艺的精神内涵。

第二节 节日庆典中的闻喜花馍

在闻喜民间的节庆大典、节庆祭祀中都会出现各种精彩的民俗艺术品，这是民俗文化集中展示的最佳时机。闻喜花馍的制作成本相对较低，制作方便，加上造型精美，所以在各种活动中被大量使用。每逢传统时节，闻喜人都要做各种各样造型的花馍来配合相关活动，它们凝结着闻喜人丰富的思想情感与真诚的精神寄托。

初一

大年初一清晨，闻喜的每个家庭会举行传统的祭祀活动，其中包括对祖先的祭祀和对天地神明的敬奉。祭祀桌上摆满美食，包括鸡肉、鱼肉、猪肉、麻花、水果等，而在这些食物的最中间，放着三个白馒头，这在闻喜方言中被称为“馄饨”或“云吞”，这里所称的“馄饨”并不是指我们常吃的那种薄面皮包裹着馅料的面食，而是意通“混沌”，意味着天地之间的相互依存和共同存在，用最质朴原始的花馍来表达对天地神明的敬奉，展示出闻喜人丰收的喜悦和对和谐自然的感激之情，表达人们对大自然的崇敬和对神明的敬仰。

祭祀活动结束后，一家之主带领全家人走到大门外，点燃用芝麻秆、柏树枝和谷秆搭建的旺火，这称为“烤旺火”。人们在火上烤着各种花馍和小孩子喜欢吃的小包馍，许多人相信吃了旺火烤的馍，牙齿就不会再痛。全家人围在门口，爆竹声中烤着旺火，享用着烤得焦黄的花馍，充满了浓郁的节日喜庆氛围。

在闻喜的新年传统中，花馍扮演着重要的角色。特定造型的花馍通常会赠送给特定的人，以表达特定的寓意。例如，“福婆婆”是一种在大圆馍上采用象形手法制作而成的乐呵呵的胖老太，它通常送给家中年长的婆婆，寓意着福如东海，健康长寿。“聚宝盆”则是在凹形花馍上放置几个元宝，赠送给家中的主要劳动力，象征着家里财源广进，富裕繁荣。

“石榴馍”则是在圆馍上制作出石榴的形象，并点上红色，通常送给

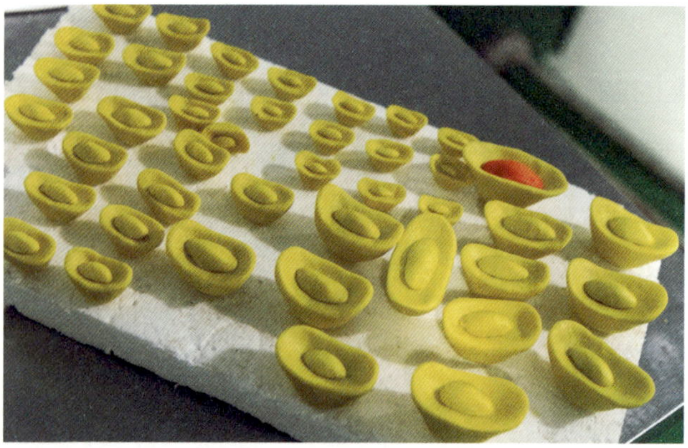

花馍中的元宝

媳妇，表示“榴开百子、多子多福”，寓意着子孙满堂，家庭和睦。“生肖动物”花馍则是根据孩子们的属相捏制出相应的动物造型，用黑豆作为眼睛，赠送给孩子们，寓意着孩子们平安健康，茁壮成长。

在春节期间，“枣花馍”的制作最为常见。这种花馍的造型多类似于道教太极图中的阴阳鱼图案，展示了传统文化中阴阳平衡、和谐共生的理念。

元宵节

元宵节是阖家团圆的民间传统节日，是人们欢聚的时刻。这天的馍需要精心制作，也更为讲究，蕴含着许多吉祥的寓意。在元宵节的各种祭祀活动中，祖先遗像前要摆放祭品，包括水果、糕点和一盘小馄饨馍，以表达对祖先的敬意和纪念。敬奉土地公时，在神龛前放置麦谷、猪羊头、各种新鲜蔬果以及枣山等花馍，以此表达对丰收与富饶的渴望，祈求土地公赐予风调雨顺、五谷丰登的恩泽；而供奉财神时，则要放置元宝、馄饨馍和财源广进花馍等，象征着财富的汇聚，祈求衣食丰足、财源广进。

财源广进花馍

清明

清明是扫墓祭奠祖先的节日，闻喜人喜欢用花馍来祭奠祖先。清明上坟，带上桃花馍、柳叶馍，意在向逝去的亲人诉说思念。

清明还会捏制专门的上坟馍，人们会在馒头里面放入一张写有寄寓孩子美好愿望的纸条。在祭祖上坟时，让家里的孩子拿着上坟馍在坟头滚一滚，这在民间被视为“挠痒痒”的动作。完成这个仪式后，孩子们会把馒头吃掉，以此祈求祖先能保佑他们平安健康、学业顺利。清明时花馍造型都比较质朴，代表着对逝去亲人的怀念与尊重。

在清明节，父母会为子女蒸“指望馍”，希望子女能够孝顺自己，早日建立自己的家庭并开枝散叶。为了祝福男孩出人头地、有所作为，父母会在“指望馍”上插上龙的造型；而女孩则会插上面花或凤凰，寓意着她们优雅、出色。此外，“指望馍”还表达了父母期望子女饱读诗书、才华横溢的美好心愿。

在制作“指望馍”时，父母会将核桃和枣包裹在里面。核桃代表智慧，枣则象征着早日生儿育女。这种习

包核桃的指望馍

俗充分体现了长辈对晚辈的深厚关爱和美好祝福。他们希望子女能够在未来的生活中幸福美满、事业有成。

在过去，农村生活条件艰苦，人们很难在一年四季都吃上白面馍，因此孩子们都非常期待能够拥有自己的“指望馍”。随着生活条件的改善，现在这种传统习俗逐渐消失，许多年轻父母都不会蒸馍，更不用说制作复杂的“指望馍”，孩子们也不再像过去那样期待清明节的“指望馍”。

此外，寒食节与清明节十分接近，民间逐渐将这两个节日合并在一起。在寒食节期间，民间有一种习俗是出嫁的女儿三天不能生火做饭，娘家会为她送去寒食，以确保她不会挨饿。这些寒食通常包括蛇头馍、老虎馍等不同样式的馒头，目的是让女儿吃饱。

端午节

在端午节这个气候变化较大的时节，人们认为制作和食用五毒花馍可以防止各种疾病和疫病的侵袭，祈求健康和平安。在此节气，会做“虎镇五毒”花馍和荷包花馍，在制作五毒花馍的过程中，人们会将蛇、蝎子、蜈蚣、壁虎、蟾蜍这五种动物的形状融入其中，以表达驱邪避疫、消病消灾的愿望。五毒害虫被踩在一只神气十足的大虎脚下，寓意驱邪消灾，保佑小朋友健健康康，茁壮成长。

虎镇五毒花馍

乞巧节

农历七月初七为献祭“纺织之神”织女的节日，也是女子祈求美满婚姻的节日。这一天闻喜女子会做花馍，又称“巧饽饽”，形如石榴、桃、虎、狮、鱼等，花馍造型浑厚而饱满。除了制作精美的花馍外，关于乞巧节的巧饽饽还有许多相关的民间习俗和传说，在七夕节这一天，人们会互赠巧饽饽，以表达对爱情的珍视、对美好生活的渴望和相互之间的祝福。

中秋节

“中秋”又叫“仲秋”，与祈求团圆有关，也称团圆节。中秋月圆之夜，瓜果飘香，伴着中秋花糕，同赏明月，其乐融融。这天的馍会提前开始准备，需要精心制作，也更为讲究，蕴含着许多吉祥的寓意。每个人都有专属的吉祥物花馍，寿桃要供家中老人食用，希望老人长命百岁；卷包，又称荷包，是给当家的男人食用的，盼望财源广进，事业有成；而包袱、布篮则是给家中的女人准备的，希望她能多一份智慧和巧思，让全家人的生活更加丰富多彩；新媳妇会有寓意多子多福的石榴馍吃，新媳妇的娘家也会送上百花迎春布篮糕，希望女儿心灵手巧，在新家受到婆家人的宠爱，家庭和睦；孩子会收到长辈希望孩子健康成长、聪明乖巧的书包、砚台式样的花馍。镇宅吉祥物花馍在家中随处可见，水缸等不同地方摆放

十套件花馍

着可爱的小羊、小猪、小鱼等造型各异的花馍。中秋节之时闻喜人会做十套件，这十种花馍的寓意为团圆，名称各异：有余、如意、开泰、来财、元宝、莲花、钱串、粮仓、归一、登高。这种习俗体现了闻喜人对家庭和亲情的重视，也展示了闻喜人对传统文化的传承。

重阳节

农历九月九日是重阳节，闻喜已出嫁的女儿要为家里的长辈准备花馍，包括节节糕、寿糕和菊花馒头等。这些花馍不仅是食品，更承载着祝福和敬意，女儿通过送这些花馍，祝愿长辈健康长寿，生活幸福，美满长久。

同时，女儿还会从娘家带回一些提前蒸制好的“五谷丰登节节糕”，这种节节糕不仅寓意着女儿的生活红红火火，也传达了父母对女儿生活美满的祝福和期望。这一传统习俗既体现了女儿对长辈的孝心和敬意，也反映了家庭之间的深厚情感，通过这些花馍的传递，亲情和祝福得以传递和延续，给家人带来了温暖和幸福。

丰收节

在农历十月初十，闻喜人制作花馍的题材包括猪头、羊头和麦秸山等，每一件都寓意着对一年丰收时节和美好光景的感激之情，这种花馍的制作风格保留了早期祭品的特色，展现出浑厚与大气的特质。这种传统习俗不仅展示了闻喜人对神灵的敬畏和感激，也体现了他们对农业生产和丰收的重视。在农历十月初十这个特殊的日子里，通过制作花馍，祭祀神灵表达了人们希望来年获得丰收和好运的美好愿望。

五谷丰登花馍

第三节　人生礼仪与闻喜花馍

闻喜人生活中常见的仪式分为添丁加口之喜、婚嫁之喜、寿诞之礼、殡葬之礼、节日祝福、乔迁之喜、房屋上梁等，花馍作为当地独特的民俗符号，参与到各种重要的仪式过程中，起到装饰、美化民俗事务和日常生活的作用，用来表达人们内心的情感，具有丰富的民俗意义，沉淀成为包含地域特色的仪式文化，反映了当地的淳朴民风。

满月

按闻喜的习俗，孩童出生后要用馄饨馍祭祖、向亲戚朋友报喜，外婆还需要给孩子蒸制一个名叫“老虎火獬”的花馍。“火獬”为闻喜方言，是“护携”的意思，意为让老虎保护孩子长大成人，此时，闻喜花馍即被赋予呵护生命的含义。“老虎火獬”是老虎形状的花馍，放在新生儿的床头，祝福小孩子的生命力像老虎一样健壮顽强。除此之外，闻喜地区新生儿满月时，舅舅也会

老虎火獬

给婴儿准备面塑的大老虎和“老虎火獬”，女孩则需要准备“鱼莲火獬”，寓意孩子吉祥健康，生龙活虎。

生日

在晋南传统民俗中，孩子生日的重要性不容忽视。在这一特殊的日子里，长辈会精心准备一份具有地方特色的传统礼物，名为项圈花馍。项圈花馍是一种独特造型的花馍，呈现圆环形状，上面装饰有各种生肖、花卉、祥禽瑞兽等元素。

在孩子生日当天，由孩子的外婆亲手端起项圈花馍，轻轻在孩子的头部顶一下。这一动作有着特别的寓意，项圈花馍象征着一个守护的锁具，锁住孩子，使其免受鬼怪的侵扰和伤害。每年生日时，长辈都会为孩子捏制一个新的项圈花馍，直到孩子长到十二岁，这一习俗被称为“成人”。十二岁之后，孩子基本长大成人，身体的各项机能已趋于成熟，具备了自我保护的能力，不再需要捏制项圈花馍。这也标志着孩子开始逐渐独立，需要学会自己照顾自己，并承担起相应的责任。

除了项圈花馍之外，还有许多其他造型各异、寓意吉祥的生日花馍。例如，周岁时外婆要给孩子捏制 “虎

1—3 岁项圈花馍

12岁项圈花馍

虎腿花馍

腿”花馍。“虎腿”花膜，又被称为“安腿”，是希望小孩子学会走路，腿如虎腿一样有力，走起路虎虎生威。这些花馍不仅具有审美价值，更是寄托了长辈对孩子的美好祝愿和深厚关爱，充分表达了人们对孩子平安、吉祥、健康的深切期望。

婚嫁

闻喜结婚时用的花馍样式丰富，叫人称奇。结婚前定亲要有馍，定亲时，男方需要准备的两个食盒中，有一个包着龙凤花馍，寓意一对新人是天作之合，龙凤佳配。民间艺人以抽象、创新的设计，制作出形态各异、各有千秋的龙凤花馍形象。花馍全长约30厘米，高约20厘米，龙腾虎跃，凤翔展翅欲飞，色彩鲜明夺目，让

龙凤花糕

定亲馍

人目不暇接。

另外，还要搭配一些对对馍，讲究成双成对，送的数量也必须是双数，六对、十二对、十六对、二十四对都可以。对对馍虽然不像龙凤馍的地位那么重要，但也不是那么简单，上面的造型也是形态各异，多是花果类题材。花馍的选择上，寓意多子多福的石榴和葡萄，寓意富贵的牡丹花，寓意夫妻同心的并蒂莲花等，这些形态多样的花馍都象征着婚姻大吉大利，幸福美满，称心如意。

男方端来的花馍要摆在最醒目的位置，女方用红绳将男方带来的龙凤馍里的龙凤绑在一起，锁上一把小锁，寓意两亲家就此结下姻缘，确定两家的亲缘关系。女方要回赠一个精致细腻的大烧馍，直径大概有50厘米，再加上几个普通的花馍。男子背回的大烧馍要和亲戚朋友一起分享，大家其乐融融的同时也知道定亲之事非常顺利。

在婚礼当天，新郎新娘需要共享一盘馄饨馍和馄饨饺，这种传统食物的制作非常特别，两个馍或饺子紧密相连，寓意着他们紧密无间的爱情。在迎接新娘的过程中，新郎需要准备一个迎亲食箩，里面装有120个带有花果、鱼鸟图案的小花馍或48个花馄饨，其中包含24

食箩

对对馍

婚庆系列花馍

个龙凤大花馍和24个塑有花草鱼鸟的小花馍。这些花馍赏心悦目，寓意着婚姻的美好和幸福。

最重要的花馍是上头糕，它与用于祝寿的寿糕有着相同的重要地位。上头糕的规格与寿糕相似，新郎的迎亲队伍出发前，需要用上头糕祭拜天地，表达对天赐良缘的感激之情，并祈愿婚礼圆满举行。在迎亲的路上，如果遇到桥梁、河流、水井或交叉路口，人们会撒一些红布包着的小馒头，这是希望那些守护这些地方的小鬼神们分享一些世俗的欢乐，同时不要打扰这一天的幸福时刻。这种传统习俗和仪式表达了人们对婚姻的重视和祝福，也展示了传统文化中对于婚姻幸福美满的追求。

祝寿

在晋南地区，晚辈要在老人过寿时送花馍。老爷子过寿时送个“九狮同菊”花馍，意为九世同居；老太太过寿时，送个“九凤朝阳”花馍，取凤凰祥瑞之意；也有寿桃花馍，题材有松鹤延年、鹿鹤平安、喜鹊登梅、耄耋（猫蝶）富贵（牡丹）、八仙庆寿、五福捧寿、福寿禄三星等，均取自古代神话或典故的美好寓意。

老人长命百岁是全家人的福气，当家中的两位老人都健在时，为了表达对他们的祝福，人们会送上一对精美的寿桃。寿桃的制作非常讲究，红头绿叶，形象逼真，结实饱满，整体造型与老虎火獬十分相似。

制作祝寿花馍时，一些手艺人会在花馍的中心部位巧妙地使用各种小

祝寿花馍

寿桃组成一个寿字，这个寿字与老人的岁数相对应。这样的设计不仅与寿宴的氛围相得益彰，还能传递出对老人长寿的美好祝愿，为寿宴增添温馨和谐的气氛。

“八仙拜寿”花馍则是以传说中的八仙人物形象为基础，通过花馍制作技艺，生动自然地呈现出八仙的形象特征。这些花馍不仅具有艺术欣赏价值，更是寓意了老人长寿和家庭幸福。

另外，还有一种别具一格的花馍样式，即“十二生肖”寿糕。虽然初看之下生肖花糕与祝寿主题似乎关联不大，但其中却蕴含着深厚的寓意。寿糕以寿星的属相为中心，其余生肖被巧妙地围绕成一个圆圈，并全部朝向寿星的属相。这种设计意在表达其他生肖动物都在向老寿星致以最真挚的祝福，祈愿老寿星健康长寿、永享福祉。这种富有创意的设计不仅增添了花馍的艺术价值，更传递了对老人的深深祝福和尊重。在庆祝寿宴时，这些花馍成为一道亮丽的风景线，为宴会增添浓厚的喜庆氛围。

丧葬

闻喜人遵循着“红事看钱，白事看馍”的传统习俗。这一习俗贯穿于人们的日常生活之中，特别是在人生的最后仪式——葬礼上。在闻喜民间，葬礼被视为人生最为重要的活动之一，因为它代表着对逝者的尊敬和告别。花馍在这种场合中扮演着重要的角色，其样式之多、数量之大、花型之精致，都是为了表达对逝者的深切追思和怀念。

丧葬花馍

在举行仪式的前几天就要开始制作花馍，以盘顶和花馍为主。花馍的造型比较丰富，基本每个花馍的样式都不能重复，有十二属相、狮子、荷花、菊花、梅花、神仙等，各自的寓意都不相同。神仙人物则是希望死者可以得道升仙，衣食无忧；花草图案是装点灵堂供人欣赏的。除了盘顶和花馍，葬仪还必须准备一对绿色狮子与金色老虎，长度大概 30 厘米，高度大概 20 厘米。

丧礼当天，主家的亲戚要请人抬着装有花馍的食箩

丧葬花馍

送到主家。主家会特别重视，需要早早地在巷口迎接宾客，非常庄重。在某些村落，甚至会在村口进行迎接，将宾客所带礼品放在主家预备的桌子上，包括花馍和盘顶等。礼品摆放完毕后，主事人带领孝子和乐队前来迎接客人。办事人需要搬桌子、抬花圈、拿挽联，敲锣打鼓，带客人走向灵堂，这种仪式表达了对亡灵的敬重。灵堂会有专门摆放花馍的桌子，宾客送来的花馍都放在灵堂前面，供大家参观。葬仪结束后，主家也会准备花馍和当地特产，送给帮忙的亲友，登门感谢，当地称 “回礼”。

立柱上梁

闻喜人盖房子是一件大事，要举办上梁的民俗活动，花馍的参与更是不可或缺的一部分。桌子上摆着三个一斤左右的桃形大花馍，另外还有一些小的石馍。在蒸制的时候，在花馍底部中心位置放上一块小青石，“石”

乔迁花馍

与“实”同音，有两种寓意：一种寓意是希望自家的新房屋建造稳固，世代同住，子孙兴旺；另一种是体现房主人追求踏实做事、老实做人的生活态度。上梁仪式接近尾声的时候，将小石馍和糖交给工头，工头从新房的顶上撒下来，让大伙分享房主的喜悦之情。

上梁、乔迁之时，闻喜人都要做个节节高的花馍，底座较小，多层逐渐向上叠落直到顶上呈尖锥形，每个花馍都卷着枣，点缀着面花，造型简约利落。当地人叫这种花馍为“上梁糕”，寓意着生活越过越好；也有做成仙桃形花馍，比寿桃花馍体量小、轻盈，用以祭拜建筑始祖鲁班。作为上梁活动的重头戏，大家围着上梁糕欣赏、品评，为上梁活动增添了话题，同时更增添了人气。

农村乡镇建房是一件大事，是举家财力的展现，人们将倾其所有精心打造未来生活，闻喜花馍艺术展现人们内心世界的丰盈，也烘托出更多世俗生活的精彩。

花馍作为一种传统的食品，不仅在饮食文化中占有重要地位，而且随着民间仪式的不断发展而得以传承。闻喜的各种仪式活动为花馍的传承提供了广阔的空间，无论是大型节日还是日常的小型仪式，花馍都扮演着不可或缺的角色，成为当地民俗文化生活中重要的组成部分。在这些仪式中，花馍不仅是一种食品，更是一种寄托美好愿望和信仰的象征。通过花馍的制作和展示，人们将自己的情感、信仰和期望融入其中，这种传统习俗的传承，不仅维系了社区的凝聚力和文化认同感，也让花馍这一民间艺术形式得以延续和发展。

第四节　闻喜花馍的文化内涵

闻喜花馍的制作具有记录历史、传播和弘扬民族文化的重要作用，其设计制作、点染色彩，无一不体现出中华民族的文化内涵和精神内核，使花馍在闻喜这片艺术沃土上，呈现出自己与众不同的美丽。作为直观表现民俗文化的物质载体，闻喜花馍艺术蕴含着人们的生活习俗、精神理想、文化信仰等元素，寓意深刻。

一、原始社会对自然的信仰

人类对自然界的认识是极其有限的，因此各种信仰崇拜就这样产生了，面对强大而神秘的大自然的力量，人类难免会产生恐惧心理。风雨雷电、火山、海啸等自然现象，使原始社会的人们感到除了自身之外，还有某种超自然的力量存在，人们赋予这些现象以“神”的性质，对其顶礼膜拜，并希望借助“神”的力量来帮助自己，于是产生的信仰崇拜一直流传至今。

供奉天地神明最重要的日子是在初一、十五这两天，一是人们为了保佑家人平安，步步高升；二是希望天地神明保佑来年风调雨顺，五谷丰登，闻喜人会捏制各种形象的花馍，如枣山、老虎、狮子等，以供奉天地神明。枣山在闻喜花馍中是最为常见的，一般分为两种，一种民间称之为“米面成山”，通常形状较大，表达希望来年吃饱穿暖的美好愿望；另一种形态酷似人类，具备头、臂和腿等特征，形象略显夸张，这种形态经常被用来表现老百姓对神仙的崇敬，以及祈求家人平安康健的美好愿望。

在北方，灶神掌控着人们的饮食生活，在人们心中占据了崇高的地位。自春秋战国以来，民间就有祭祀灶神的习俗，人们希望通过这种方式过上好生活。传说灶神的职责是记录每个人的行为过失，并在每年的腊月二十三这一天上报给玉皇大帝。因此，民间会在这天制作并供奉花馍以祭拜灶神，花馍多为枣山或枣糕，希望灶神能够在玉皇大帝面前说好话、言好事，祈求来年家庭幸福，逢凶化吉，福禄双收。

二、原始社会对动植物的信仰

人类认为动植物具有“灵性”，所以借助这些动植物的“灵力”来驱灾辟邪、祈求安乐，因此对动植物产生了信仰崇拜。现代社会，健康、平安、幸福仍是人们的共同追求，而闻喜花馍的主要题材自然是那些动物和植物，寓意着吉祥如意，以常见的动植物，如龙、虎、狮、羊、燕、鱼和草木瓜果等为主体的花馍，因具有丰富的自然物象而得名。

枣山花馍

人类将生命与灵性赋予自然之象，并将祈求安乐，趋吉避凶之愿，寄托于此。“龙凤呈祥”是结婚时最主要的具有主题性的闻喜花馍，人们认为龙凤呈祥能给自己带来福报，带来福气。民间以龙凤象征吉祥之物，也正是这种习俗和崇拜心理，使龙凤成为人们在婚育等重大生活节点所呈现的主要事物之一。

民间塑造面虎，是因为它可以保佑孩童。在民间传统中，虎可以辨正辨邪，避妖避鬼，保护人民的安宁，所以从孩子出生的第一天起，家人就会为保佑孩子健康成长而捏制陪伴孩子左右的老虎花馍。

闻喜民间也会在中元节前捏花馍，每人一只，以供家人食用。给小辈的闻喜花馍要制作成扁形，称为面羊，古时羊与祥同字，故面羊有吉庆之意。此外，当地民间艺人认为，面羊有羔羊跪乳的意思，即希望小辈们不能忘记父母养育的恩情。给老辈的花馍，应该有儿孙满堂、福寿双全的寓意。每到七月十五做面羊和面鱼，面羊给孩子吃，面鱼只给成年人吃，不能颠倒过来。鱼在民间有多子的寓意，其含义不言自明。此外，还有兔子花馍寓意多子多福、桃子花馍寓意福寿绵长等，这些不同寓意和讲究的花馍形制都是不一样的，而且都是延续下来的习俗，大家都心领神会。

三、人类对生存和繁衍的基本诉求

人最期盼的就是活着，但是死亡是人类不可抗拒的自然规律，因此人们希望活着的时候可以长寿，死后也可以得到早日投生。生活与繁衍成为民间艺术创作追求的主题，成为最基本的“人生意识”的价值选择。在日常生活中，民俗文化无时无刻不在提醒着人们的生存意识。闻喜花馍创造了大量象征“生命”的造型，作为传统习俗代代相传，历久弥新。在闻喜花馍中，许多造型都在传达人们的生存自觉。常见的早生贵子之枣，多子多福之石榴，以及鸟、鱼、莲花等形象，都是繁衍生息的寓意符号，它们共同构成了生命繁衍生息、生生不灭的文化链。

闻喜花馍中的鱼形纹饰极为普遍，这是因为在中国古代鱼被视为吉祥的象征。《史记·周本纪》记载："武王渡江，中流，白鱼跃入王舟，武王伏而祭之"，这说明鱼是吉祥的，可以用来祈福，而这与鱼强大的生命力和多产的特性密不可分，因此鱼形纹饰在闻喜花馍中具有祈福和祝福的寓意。在古代，先民的寿命普遍较短，繁殖能力不强，因此他们寻求那些繁殖力强的种族，希望通过它们的"灵性"来增强自身的繁殖能力。由于鱼类具有强大的繁殖力，人们将其视为神圣的生物并崇拜它们的生育能力。在闻喜，结婚时新人会准备"鱼"形花馍，放入盆中，并用红纸贴紧盆口。在结婚后新娘要揭下红纸，寓意夫妻两人能够生育两个孩子，寓意多子多孙、人丁兴旺。

此外，石榴也象征着繁衍生息。剥开石榴皮，露出颗颗果粒，有"榴开百子"之说，民间有歌谣说："石榴坐莲盆，金童玉女进门"，也传达出人们希望多子多福的寓意。

桃子也是爱情和生命繁衍生息的一个象征，《国风·周南·桃夭》云："桃之夭夭，有蕡其实。""桃之夭夭，其叶蓁蓁"，以桃子为装饰的闻喜花馍常能在婚礼上见到，寓意绵延不绝。在另一层含义上，桃自古以来被认为是长寿的象征。《神异经》记载："东方有树，高五十丈，叶长八尺，名曰桃。其子径三尺二寸，小核味和，和核羹食之，令人寿。”《太平御览》引《典术》曰：“桃者，五木之精也。故压伏邪气者也、桃之精，生在鬼门，制百鬼，故今作桃人梗着门，以压邪。此仙木也。”不仅承认桃树是仙木，还有镇邪除祟的作用。既为仙木，又有长寿之意，桃子之意由此而生。在民间，父母六十岁、七十岁、八十岁，儿女都要为其做大寿，寿辰之日，多送“八仙人”“寿桃”“寿糕”等，家里要做个老寿星（捏成寿星的样子，四周写上“福如东海，寿比南山”），寿桃一对，佛手一对，饼二十一个，八仙人一套，这些物品和仪式都寓意着对长辈长寿的美好祝愿。

闻喜花馍并非孤立存在，它是民俗活动的重要组成部分，随着活动的展开而流传，与人们的信仰和期盼紧密相连。花馍艺术不仅传递着人类对自然的敬畏和对动植物的尊重，还表达了对生活的热爱、对未来的憧憬以及对和谐社会的追求。从根本上说，闻喜花馍所展现的是千百年来普通百姓的精神内涵。它不仅仅是一种传统艺术形式，更是一种文化传承和社会价值的体现。

由于人们对闻喜花馍的传承和重视，闻喜花馍文化节每年都举办得热闹非凡。在追求实际发展的道路上，闻喜花馍不断发展壮大，形成了一支经济效益和社会效益双丰收的队伍。这样的花馍艺术作品，不仅给当地百姓带来了经济上的繁荣，更重要的是使中华民族传统艺术得以传承，历久弥新。通过传承和发扬花馍艺术，闻喜地区的人们不断推动传统文化的创新和发展，使其在新的时代背景下焕发出新的生机和活力。

第五章

闻喜花馍的传承、创新与发展

闻喜花馍，这一深植于民间文化的艺术形式，体现了晋南人民独特的艺术审美和精湛的面塑技艺。随着现代化进程的快速推进和人们生活方式的变化，闻喜花馍面临着严峻的传承与发展挑战，如市场需求不高、年轻人对传统艺术不感兴趣等现状。如何保护这一珍贵的文化遗产，并使之在传承、创新中持续发展，已成为我们必须思考和应对的重要问题。

第一节　闻喜花馍代表性传承人

闻喜花馍的传承人是该技艺的继承者和弘扬者。他们通过口传身授的方式，将闻喜花馍的制作技艺和知识传递给下一代，也将闻喜花馍所承载的地方文化和历史记忆延续至今。他们在保持传统技艺的同时，也不断探索和创新，使得闻喜花馍在形式和内容上更加多样化。

闻喜花馍各级代表性传承人信息表

传承人级别	传承人姓名/入选年份			
国家级	董巧兰（2017年）			
省级	支建康（2009年）	刘红菊（2009年）	杨亭枝（2019年）	
市级	孙菊兰（2011年）	赵素艳（2014年）	张敏燕（2019年）	丁丽炎（2019年）

经过多次走访闻喜县的花馍销售点、家庭作坊和相关企业，在与花馍制作手艺人进行深入交流的过程中，发现无论年纪大小，提起花馍制作，他们都充满了自信和满足，即使是一些年近古稀的老一辈手艺人，也依然

热情洋溢，很是让人动容。

董巧兰

董巧兰是闻喜花馍的国家级代表性传承人，她自幼跟随祖母和母亲学习花馍制作技艺。在长辈的指导下，她熟练掌握了闻喜花馍的关键工艺技术和操作技巧，达到了高超的技艺水平。每当村庄里遇到重要的事件，如婚丧嫁娶、乔迁、上梁等，董巧兰就会为乡亲们制作花馍。她以现实生活中的物品或预先设计好的图案为依据，发挥自己的想象力，利用传统的制作技巧，将各种元素巧妙地融合在一起，捏制出各种形象的花馍作品，这些作品栩栩如生，构思精巧，造型优美。董巧兰致力于闻喜花馍的制作和传承，通过言传身教，耐心讲授，为闻喜花馍的传承和发展做出了重要贡献。

据董巧兰介绍，花馍通常用在端午节、中秋节、重阳节等传统节日。但是，寒食节当天什么都不能做。“馍馍必须在寒食节前蒸好，寒食节当天吃凉馍馍，就着大葱、咸菜吃。”董巧兰说。董巧兰不记得历史典故发生在哪个朝代，但是，她记得一位叫介子推的人背着母亲躲进山林的故事。“寒食节这天不能烧火做饭，就是为了纪念他的孝顺。”董巧兰说，“记得，小时候家里长辈会嘱咐我们，寒食节这天不能玩耍嬉戏，全家人基本不出门，也不能烧火做饭。”尽管已经到了春暖花开的季节，提早蒸制的发面花馍仍能存放多日，不会霉变，董巧兰道出了其中的奥秘。“闻

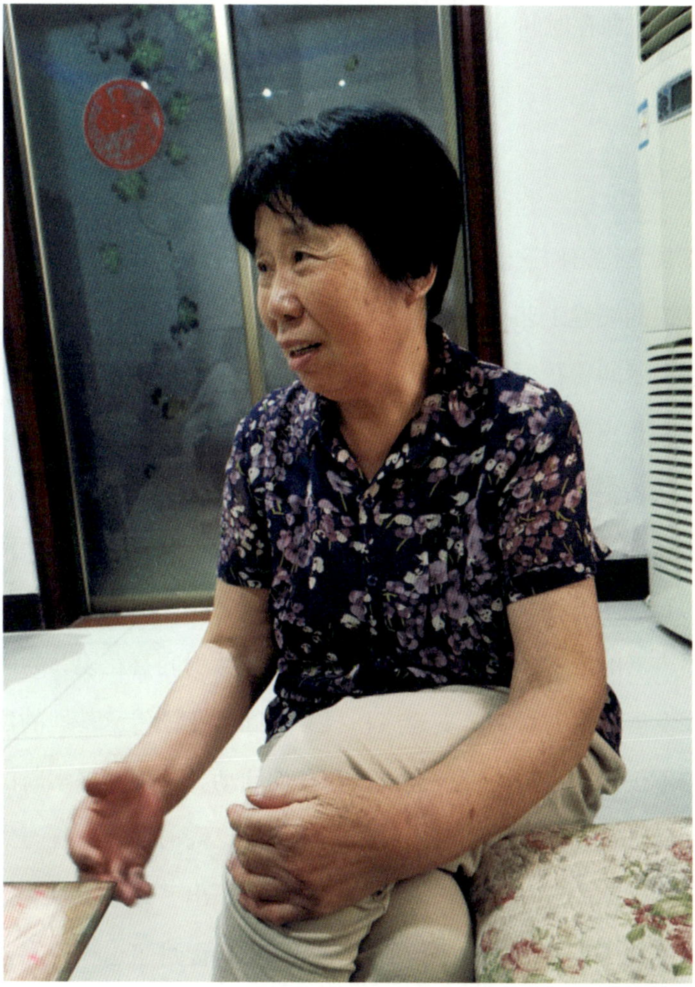

国家级代表性传承人董巧兰

喜花馍制作上最独特的地方，是用玉米面做面肥引子。”董巧兰说，“和发酵粉不同，玉米面引子蒸出来的白面花馍皮厚，不容易开裂，很筋道，也不容易变质，保存时间一般在五天以上。”

支建康

闻喜县文化馆原馆长、闻喜花馍省级代表性传承人。支建康熟练掌握了闻喜花馍的关键工艺技术和操作技巧，并具备高超的技艺水平。他不仅完整地掌握了闻喜花馍的技艺，还通过言传身教，将这一民间艺术传授给了更多的人。支建康在保持传统技艺的同时，不断探索创新，将现代元素融入传统技艺中。他在形式和内容上为闻喜花馍注入了新的元素，使其更加多样化，更具活力和吸引力。通过参与各种展览、表演和交流活动，支建康大力宣传闻喜花馍这一民间艺术。作为闻喜花馍的传承人，他不仅传承了这项古老的艺术形式，让更多的人了解和认识闻喜花馍，为闻喜花馍的传承和发展扩大了影响。支建康积极参与闻喜花馍传承基地的建立和维护工作。不仅在基地内开展技艺传授和培训活动，还不断探索新的传承方式，推动闻喜花馍这一民间艺术的传承和发展。同时通过自身努力和示范效应，为闻喜花馍这一民间艺术的传承和发展做出了重要贡献。他的努力为闻喜花馍的传承工作注入了新的活力和动力，促进了这一民间艺术的保护和传承工作。

支建康说：“我小时候就跟着母亲学习花馍的制作，那时候只是觉得

省级代表性传承人支建康

这是我们这里的一种传统习俗，慢慢地长大了我才发现这是一种非常有特色的民间艺术形式。闻喜花馍的制作过程非常烦琐，从选材到发酵，从和面到捏花，每一个环节都需要精细的操作和严格的把关。我继承了母亲的制作技艺，也一直在努力研究和探索新的制作方法和技巧，希望能够将闻喜花馍的精髓和特色表现得更加淋漓尽致。在传承闻喜花馍的过程中，我遇到了很多困难和挑战。最主要的是年轻人对这个传统技艺的兴趣不高，认为它没有前途和出路。但我认为，作为一个传承人，我们不仅要传承技艺，更要传承文化。闻喜花馍代表了我们的传统文化和地域特色，不能在我们这一代失传。作为闻喜花馍的传承人，我觉得自己肩负着很重要的历史使命。我要继续努力探索和创新，让闻喜花馍在形式和内容上更加多样化、更加丰富多彩。同时，也要培养更多的人才，让这一民间艺术在未来的发展中后继有人。”

杨亭枝

杨亭枝是闻喜花馍的省级代表性传承人，已经从事花馍制作四十余年。她精通花馍制作的各个环节，从选麦、晾晒到面粉处理，从制酵、发面到捏形、蒸制，都有她的独到之处。此外，杨亭枝还注重创新和发展，她认为创新是推动发展的动力，因此在保留传统闻喜花馍制作技艺的基础上，不断尝试新的制作技艺和设计理念，开发出了一些新的花馍品种。在制作花馍的过程中，杨亭枝非常注重挖掘闻喜花馍所蕴含的文化内涵。她

省级代表性传承人杨亭枝

认为，每一个花馍都应该有一个主题和故事，这才能赋予它们真正的生命力。因此，她在制作花馍时，都会根据主题和需求，细心构思和设计，使每一个花馍都富有文化内涵。这些创新不仅为闻喜花馍注入了新的活力，也提高了其在市场上的竞争力。

作为非物质文化遗产闻喜花馍的代表性传承人，杨亭枝深知传承的重要性。她将花馍制作技艺传授给了许多年轻的学徒，通过言传身教，希望他们能够继承和发扬这一传统技艺。为了更好地推广闻喜花馍，杨亭枝与当地的农民合作，共同开发新的花馍品种，并积极开拓市场，建立品牌。通过她的努力，使得闻喜花馍逐渐成为当地的特色产业，为地方经济发展做出了贡献。她通过开办技艺传承班、参加文化活动、举办展览和比赛等方式，将闻喜花馍的制作技艺传授给了更多的年轻人。同时，她也注重培养传承人才，使更多的人能够学习和发扬这一古老的民间艺术，有效地推动了闻喜花馍的发展和传承。

张端端

张端端是闻喜县东颜村的一位花馍工艺师，从二三十岁开始跟其他擅长花馍制作的前辈学习技巧。从事花馍制作已经超过五十年，是闻喜县东颜村远近闻名的“巧儿”。她对花馍制作有着深厚的热爱，这门手艺已经成为她生活中不可或缺的一部分。

张端端制作的花馍非常逼真，从生肖馍到各种节日的馍都有涉猎，如老人祝寿时用的寿桃馍和结婚用的花好月圆馍等。她捏制的花馍色泽鲜艳，造型美观，非常受人们欢迎。除了给家人做花馍之外，张端端还因为手艺高超而被闻喜当地一家制作花馍的企业聘请作为厂里的花馍技术指导。这意味着她的技艺得到了企业的认可，也是对她多年来在花馍制作领域的努力和成就的肯定。尽管已经八十多岁高龄，但张端端仍然每天坚持去厂里上班，捏制各式各样的年馍，为工厂创造了“大师级”的业绩。她通过自己的努力和技艺为闻喜花馍的传承和发展做出了重要贡献。

“一开始做花馍就是喜欢，后来就一直做，谁家办事儿都给人家去帮忙做，结果就越做越喜欢，这门手艺也就放不下了。”村民们说，她制作出来的花馍十二生肖“仿佛都能活起来”：鱼儿似乎能游泳，公鸡看上去能打鸣，小狗几乎能蹿上跳下……

虽然这里只列举了闻喜花馍的部分传承人，但还有许多民间艺人同样在默默地为花馍制作和传承与创新付出着努力。作为非物质文化遗产的重要承载者，这些民间艺人不仅承载了文化的传承，也肩负了文化创新的任务。他们通过言传身教，将珍贵的技艺代代相传，使得这些文化遗产得以绵延不绝。面对文化挑战和困境，传承人们为保护和传承文化遗产付出了巨大的努力。我们应该对传承人的坚守表示敬意和感激，也希望他们能够继续发挥自己的作用，为推动文化遗产的保护与发展而不懈努力。同时，呼吁更多的人加入非物质文化遗产的保护与传承中来，共同为文化的繁荣与发展贡献力量。

第二节　闻喜花馍的保护措施

保护是传承和创新发展的基础。闻喜花馍随着时代的发展和人们生活方式的改变日渐式微，但它作为一种独具特色的人文产物，融入了当地百姓的智慧和热情，具有极高的文化价值和历史意义。为了确保这种独特的艺术形式得以传承与创新发展，在闻喜县人民政府、县妇联及县文化馆的带领下，对闻喜花馍采取众多有效保护措施，为其传承和创新发展提供了坚实的保障。

一、组建闻喜花馍研究协会

闻喜花馍研究协会是在当地政府及相关机关单位的组织与协调下，由闻喜县民政局批准，以保护和传承闻喜花馍这一民间艺术为目标的非营利性组织。自成立以来，该协会通过多种方式在保护闻喜花馍方面发挥了重要的作用。首先，协会通过开展培训课程和组织实践活动加强了闻喜花馍制作技艺的传承，以防止其因时代的变迁而失传。其次，协会还通过协助申请专利和注册商标等方式加强了闻喜花馍的知识产权保护，维护了其独特性和价值。最后，为了更好地记录和保护闻喜花馍这一民间艺术，协会还建立了闻喜花馍的数据库和档案馆，将相关资料进行整理和归档，以便后人查阅和研究。

二、入选非物质文化遗产名录

闻喜花馍于2006年和2008年分别入选省级和国家级非物质文化遗产名录，这一荣誉对闻喜花馍的保护起到了重要作用。首先，得到国家层面的认可和重视，为闻喜花馍的传承和发展提供了重要的政策支持和法律保障。其次，入选国家级非物质文化遗产名录提高了公众对闻喜花馍的认识和了解，使得更多人能够关注和参与到闻喜花馍的保护和传承中来。这为闻喜花馍在当代社会的传承和发展提供了重要的社会基础。再次，入选国家级非物质文化遗产名录也使得闻喜花馍在文化产业和旅游产业方面得到了更好的开发利用，为其可持续发展提供了重要的经济支持。

三、设立闻喜花馍展厅

在闻喜县设有两个专门展示闻喜花馍的展厅。其中，县文化馆内设有一个展厅，存放着部分闻喜花馍的实物、图片以及相关的文献资料。另一个展厅设在闻喜县上镇村村委会，这个展厅以花馍实物展示为主，多达百余件，并配有相关的文字与图片资料。在上镇村，还设立了专门的服务小组，积极探索和推动闻喜花馍技艺的传承、发展和创新。相较于闻喜花馍研究协会，闻喜花馍展厅在保护这一民间艺术方面发挥了更为静态的作用，通过实物展示，可以让更多人了解和欣赏闻喜花馍的艺术魅力。

第三节　闻喜花馍的传承发展现状

闻喜花馍的传承以家庭传承方式最为广泛，母女、姐妹、妯娌之间通过互相学习制作技巧并保持沟通，使得这一传统延续至今。然而，闻喜花馍的传承并非仅依赖于传统的师徒和家族内部的力量，当地政府和社会团体也在为其传承和发展做出积极的贡献。在政府的大力扶持和培养下，闻喜花馍的传承工作取得了显著的成效，不仅原有的传承模式得到了巩固，而且吸收了新的力量，形成了更为广泛的传承群体，为这一传统艺术的发扬提供了更强大的支持和发展保障。

一、多渠道推广和宣传

闻喜县政府及多个部门积极利用各种媒体渠道对闻喜花馍进行广泛宣传推广，为闻喜花馍在当代的传承和发展起到了积极的推动作用，也让更多人得以认识和了解这一传统艺术形式。自申遗成功以来，闻喜花馍得到了媒体的广泛关注，其中包括中央电视台、山西电视台、运城电视台以及自媒体等各种媒体都对闻喜花馍进行了相关报道和记录。例如，央视二套的《消费新主张》、央视四套的《中国新闻》、央视七套的《麦收故事会》《聚焦三农》《乡土》，还有央视十三套《朝闻天下》《新闻直播间》等节目

2022"大国农匠·面花"比赛评审现场

都记录并宣传了闻喜花馍的魅力，逐渐让闻喜花馍走进了全国人民的视野；同时，新浪网、土豆网等线上网站从不同角度对闻喜花馍进行了报道。在腾讯、爱奇艺等网络视频也可以搜索到闻喜花馍的相关报道。此外，《人民日报》的海外版部分也用整个版面对闻喜花馍进行了详细介绍。

闻喜花馍品牌产业化的同时，闻喜县政府还通过举办各种与闻喜花馍相关的文化活动，进一步推广和宣传这一传统艺术形式。这些活动包括举办文化节、展览会，以及参加各种展览和比赛等。这些活动不仅展示了闻喜花馍的多样性和独特魅力，扩大了闻喜花馍的知名度，也让闻喜花馍在

2022“大国农匠·面花”参赛作品

各种场合大放异彩。例如，2012年，闻喜县政府成功举办了“中国·闻喜花馍文化节”，吸引了大量游客和媒体关注。此外，闻喜花馍还曾参加过2010年的上海世博会、奥林匹克美食大赛等重要活动，展现了其独特的魅力。2013年，闻喜花馍更是走出国门，参加了夏威夷的中国风情节活动。之后，又在中国农民丰收节、山西省旅游产业发展大会和深圳文博会等重大活动中亮相，展示了闻喜花馍的独特魅力，增强公众对这一传统艺术形式的认知和喜爱。

二、建立花馍制作技艺传承班和传习所

闻喜当地的社会团体和民间艺人不仅建立了花馍制作技艺传承班和传习所，还通过开展技艺培训、技艺比赛等活动，培养了一批又一批的花馍制作技艺传承人。这些传承人和老中青艺人们致力于传播和推广闻喜花馍的传统文化和技艺，对于闻喜花馍的传承和发展起到了至关重要的作用。同时，闻喜县妇联也与乡政府联合开办了花馍技艺培训班，组织妇女进行花馍制作的学习。这种培训不仅提高了妇女的技能水平，也为闻喜花馍的传承和发展提供了新的力量。除此之外，部分学校也开

闻喜花馍品牌产业化

闻喜花馍品牌产业化

始将面塑等传统文化和民间美术加入课程中，这对于闻喜花馍的传承起着重要的作用。学校教育的介入使得更多的年轻人接触并学习到这种传统技艺，从而保证闻喜花馍的传承和发展后继有人。这些举措不仅弘扬了传统文化，也为闻喜花馍的传承和发展注入了新的活力和动力。

三、支持花馍产业化发展

近年来，当地政府积极推动闻喜花馍的产业化发展。2012年，闻喜县政府将花馍产业作为推进农业现代化发展的重要工程之一，采取了多项政策措施，促进花馍产业的持续发展。当地政府还通过实施小额贷款的优惠政策，积极扶持花馍合作社及公司等与之相关的产业。在当地政府的扶持和推动下，经营规模比较大的有卫嫂食品有限公司、北垣花馍合作社、仙女花馍合作社、嫦娥花馍合作社等。其中一些花馍生产企业已经形成了较为完整的生产、销售和推广链条，具备了一定的生产规模和市场份额。通过扩大生产规模、引入现代化生产设备和技术、优化生产流程等方式，闻喜花馍的生产效率和质量得到了有效提升，此项传统手艺也得到了很好的传承和发展。

第四节　闻喜花馍的传承困境

闻喜花馍，这一极具地方特色的传统艺术形式，面临着在社会变迁与现代化进程冲击下的传承困境。自20世纪以来，中国社会的经济体制和社会环境发生了翻天覆地的变化，深刻地影响了人们的思想观念、生活方式和审美取向，这也给闻喜花馍的传承和发展带来了新的挑战。尽管保护和传承闻喜花馍的工作一直在进行，但在当前的社会背景下，花馍艺术的传承仍然面临着诸多挑战。

首先，随着社会的深刻变迁与现代化步伐的加快，人们的生活习惯与需求发生了显著变化，这直接导致了对传统手工艺如闻喜花馍的需求显著减少，为其传承之路设置了重重障碍。作为民俗文化的璀璨明珠，闻喜花馍在日常生活中的应用场景变得有限，其实用性逐渐淡化，传统价值面临被边缘化的风险。

其次，闻喜花馍的传承模式显得尤为单一，主要依赖于中年及老年女性群体的口传心授。这一现状加剧了技艺传承的老龄化问题，使得该手工艺的存续变得高度依赖个别传承人，一旦这些老一辈艺人离去，宝贵的花馍艺术或将面临失传的危机，这对闻喜花馍文化的延续构成了严重威胁。

最后，专业人才匮乏成为制约闻喜花馍进一步发展的瓶颈。尽管社会各界已积极介入，努力推动其传承与发展，但缺乏系统化、规范化的教育培训体系，导致年轻一代难以获得深入学习与实践的机会。面对其他更具吸引力的职业选择，许多年轻人难以将闻喜花馍作为长期发展的方向，从而加剧了技艺传承的人才断层现象，为这一非物质文化遗产的未来发展蒙上了一层阴影。

第五节 闻喜花馍创新发展的路径

创新发展是为了传承，只有发展才有活力。

闻喜花馍这一民间手工艺的持续发展关键在于创新。我们要不断更新观念与时俱进，在保持传统工艺的基础上，结合时代需求和现代审美观念，通过创造良好的政策环境、建立多渠道的传承方式、培养和引进专业化人才、创新发展模式以及加强宣传和推广等措施，可以推动闻喜花馍在现代化进程中保持繁荣发展。

一、加强对文化建设的重视，创造良好的政策环境

政府在闻喜花馍的创新发展中扮演着重要的角色。闻喜花馍作为传统文化产品之一，在政府的大力推动和发掘下得以崭露头角。但对于闻喜花馍的创新发展，政府仍需要持续加强关注与重视。政府需要将闻喜花馍的保护和发展纳入地方发展规划中，制定相应的政策和法规，为其提供法律和制度保障。同时，应加大对文化产业的投入，为闻喜花馍的保护和发展提供必要的资金支持。

二、加强多元化现代媒体传播媒介的运用

加强多元化现代媒体传播媒介的运用是推动闻喜花馍传承和创新发展的重要途径。现代媒体传播媒介的普及面广、传播速度快和信息量大等特点为闻喜花馍的传承提供了更广阔的平台，也为闻喜花馍的创新发展提供了新的机遇。

通过运用多元化的现代媒体传播媒介，我们可以更好地满足不同受众群体的需求，更有效地提升闻喜花馍的影响力和知名度。例如，利用微博、抖音、微信等社交媒体平台的互动特性，可以迅速引导公众对闻喜花馍的关注和讨论，使更多人了解和欣赏这一传统艺术形式；网络平台可以突破时空、地域的限制，通过用户调研和数据分析等方式了解现代消费者的需求和审美取向，为闻喜花馍的设计和制作提供有价值的参考；同时，电视节目也可以通过拍摄纪录片、举办相关文化竞赛等途径将闻喜花馍引入更多人的视线。

因此，我们需要注重媒介的多元性和针对性，根据不同的媒介特点和受众群体，制定不同的传播策略和内容形式，以确保闻喜花馍在现代媒体传播中取得最佳效

山西省教育厅

晋教体函〔2022〕148号

山西省教育厅关于公布2022年山西省优秀传统文化传承基地名单的通知

各高等学校：

开展全省优秀传统文化传承基地建设活动，是深入推进中华优秀传统文化全方位融入高校美育教育的重要举措。为贯彻落实《山西省全面加强和改进新时代学校美育工作若干措施》要求，经高校自主申报、专家遴选与公示，省教育厅认定山西大学射艺传承基地等37个基地为2022年山西省优秀传统文化传承基地（具体名单见附件），现予以公布。

各高校要健全工作机制，强化组织保障，对照基地建设的任务和要求，进一步做好基地项目的建设和管理工作，充分发挥传承基地的示范引领作用。

附件：2022年山西省优秀传统文化传承基地名单

山西省教育厅

2022年12月2[illegible]日

（此件主动公开）

附件

2022年山西省优秀传统文化传承基地名单

序号	学校名称	传承项目
1	山西大学	射艺
2		山西民间舞
3	太原理工大学	三晋传统纺织技艺与服饰
4		八段锦
5	山西农业大学	舞狮
6	山西师范大学	山西木偶皮影
7		三弦书
8	山西财经大学	太极柔力球
9	中北大学	河曲二人台
10		形意拳
11	太原科技大学	山西传统陶瓷文化
12		八段锦
13	山西大同大学	云冈舞
14	太原师范学院	晋作铜装戏具制作技艺
15		山西翼城浑身板
16	忻州师范学院	晋北非遗剪纸
17	运城学院	晋南面塑
18	晋中学院	太谷秧歌
19	长治学院	上党落子
20	吕梁学院	中阳剪纸
21		孝义皮影木偶戏
22	山西工商学院	山西黎城布老虎

-2-

校企合作

果。这需要政府、企业、社会组织和公众等各方面的共同努力，积极运用现代媒体传播媒介，提升闻喜花馍的影响力和知名度，为其传承和发展注入新的活力。

三、利用文旅融合的利好政策

闻喜花馍作为国家级非物质文化遗产，在文旅融合的背景下，可以通过多种方式进行创新发展，使其成为一种具有时代特征和独特魅力的文化旅游资源，为地方经济发展和文化传承做出积极贡献。

为了让游客更深入地感受闻喜花馍的传统艺术魅力，旅游线路设计可安排游客参观闻喜花馍的制作工坊，了解其制作过程和历史渊源，同时品尝各种不同口味的花馍，打造出独特的旅游体验。除旅游体验外，还可以开发一系列以闻喜花馍为主题的文创产品，如花馍形状的纪念品、装饰品、文具用品等，通过这些产品将闻喜花馍的文化价值传承和传播出去。为了将闻喜花馍推向更广阔的舞台，提高其知名度和影响力，可以通过举办闻喜花馍文化节、民间艺术交流活动等途径，加强与国内外的文化交流与合作。同时，还可以利用现代科技手段，如数字化技术、虚拟现实技术等，将闻喜花馍的历史、文化、制作技艺等内容进行数字化展示和虚拟体验，使游客更加直观、深入地了解和感受闻喜花馍的文化内涵和魅力。

四、加强校企合作，深化产教融合

教育是推动闻喜花馍创新发展的核心引擎，我们应该充分发挥其优势，为这一传统艺术的传承和发展注入新的动力和活力。面对闻喜花馍传承方式单一、年轻人传承断层的问题，我们建议通过加深校企合作和产教融合的方式，培养更多具有专业知识和技能的年轻闻喜花馍制作人才，为这一珍贵传统艺术的持续发展奠定坚实的人才基础。

首先，政府、企业可以结合闻喜发展实际，采用“引进来、走出去”的模式和学校进行合作。一方面可以将闻喜花馍的传承人请进校园、走进课堂，向学生传授闻喜花馍的制作技艺和知识，让他们更深入地了解和体验这一传统艺术；另一方面，学校也可以组织学生前往闻喜花馍的制作现场或者相关企业进行实地参观、实习和实践，让学生参与闻喜花馍的制作过程，更加直观地感受到闻喜花馍的文化魅力。

其次，政府可以出台相关政策、提供资金支持，引导和鼓励企业、高校和研究机构开展决策咨询、课题研究和学生实习等智库项目合作，深化产教融合机制。企业可以提供市场需求、技术研发和人才培养等方面的支持，促进产学研一体化；高校和研究机构则可以发挥人才优势、科研实力和教学资源等方面的优势，为闻喜花馍的创新发展提供智力支持和技术保障。

通过发挥教育在人才培养、文化传承、科技创新等方面的优势，可以不断提升闻喜花馍的创新能力和市场竞争力，为推动地方经济的发展和文化的传承做出积极贡献。

五、多举措推进产业化持续稳健发展

闻喜花馍在创新性发展过程中，虽然产业化发展初见成效，但为了实现更深层次的创新与发展，还需要政府各部门加强意识，并多举措进一步推进闻喜花馍产业化持续稳健发展的步伐，为地方经济的发展和文化的传承做出积极的贡献。

首先，从原材料供应、制作加工、包装设计、市场营销、物流配送等各个环节入手，建立稳定、可靠的合作关系，建立完整的产业链条；其次，为了满足不同人群的需求，对闻喜花馍的产品和服务进行创新，开发不同规格、口味和风格的花馍产品，提供个性化定制服务；此外，强化品牌建设也是至关重要的，通过注册商标、申请专利和参加展会等方式来提升品牌知名度和美誉度。最后，通过建设电商平台、开展线下销售等方式拓展销售渠道为闻喜花馍产业发展提供更广阔的市场空间。同时政府可以帮助闻喜花馍拓展市场渠道，扩大销售范围，通过组织参加国内外展览、举办推介会等活动来提高品牌知名度。

闻喜花馍，这一独特的地方文化遗产，其保护、传承和创新发展是一项长期而艰巨的任务，需要政府、学术界、民间团体和公众的不懈努力和投入，并充分发挥各自的作用，共同推动闻喜花馍的保护、传承和创新发展。我们相信，闻喜花馍这一传统民间艺术一定能够在新的时代背景下焕发出无限光彩和魅力。让我们共同期待闻喜花馍在未来的发展中展现出更加绚烂的色彩！

跋

闻喜花馍，作为晋南地区特有的民间传统艺术，蕴含着丰富的历史与文化内涵，也承载了无数匠人的心血与智慧。它不仅是一种美食，更是一种文化的象征，一种情感的寄托。每一个花馍，都仿佛诉说着一个古老而动人的故事，让人在品味美食的同时，也能感受到那份来自传统的温暖与情怀。然而，在现代社会中，随着科技的发展和人们生活方式的改变，许多传统手艺逐渐淡出人们的视野，闻喜花馍也面临着传承与发展的困境。

这本书的编写，不仅仅在于记录和传播闻喜花馍的文化，更在于激发人们对传统手工艺的关注与热爱，让更多的人了解并喜爱它。同时，本书被列入山西省哲学社会科学规划课题——晋陕豫黄河金三角地区面塑民间艺人口述史整理（编号：2020YJ187），我们期待这部作品能够成为研究闻喜花馍的重要参考资料，为传统文化的研究与发展提供有力的支持。

在未来的日子里，希望更多的人能够关注并喜爱闻喜花馍这一传统手工艺，让它在现代社会中继续传承下去，绽放出更加绚丽的光彩，让我们的文化瑰宝在世界舞台上熠熠生辉。

吴白莹

2024年6月

附录

一、大事记

2008年

6月，闻喜花馍被审定为国家级非物质文化遗产，由国务院命名，文化部颁发证牌，从此闻喜花馍成为闻喜县对外宣传的一张亮丽名片。

2009 年

2月9日 至2月23日（农历正月十五至正月二十九），闻喜花馍代表山西省参加了由文化部、国家发展和改革委员会、教育部、科学技术部等14家单位举办的“全国首届非物质文化遗产传统技艺大展”，小小花馍登上了大雅之堂。展出期间国家部委领导、部分国家驻华使节及首都各界人士参观了闻喜花馍，对其给予很高的评价，并且所有参展品全部被中国艺术研究院收藏。

2010年

5月，闻喜花馍赴上海世博会参展，国内外专家人士及上海广大市民到场欣赏了闻喜花馍的独特风姿，许多外国观众也对闻喜花馍产生了浓厚的兴趣，精美的花馍在这个世界级舞台上展示了闻喜悠久的历史文化和传统地方特色。

2011年

5月，闻喜花馍多次受邀参与“中国（深圳）国际文化产业博览会”，此后，已连续参展五届，并荣获了国内外观众的高度认可与赞誉。

2012年

1月，闻喜花馍赴成都参加“第二届中国成都国际非物质文化遗产节”。

2月，首届“中国·闻喜花馍文化节”在闻喜县波西景区成功举办，全县343个村均选作品参展，两千件花馍艺术品争奇斗艳，省市领导出席文化节，央视五个频道都做了宣传报道，盛况空前，声震华夏。

3月，闻喜花馍赴太原参加首届“中国·山西2012国际婚庆产业博览会”。

6月，张建元县长率闻喜花馍展团参加首届“北京奥林匹克公园国际美食大赛暨第六届东方美食烹饪艺术家国际大赛”。

7月，闻喜文化馆馆长支建康率闻喜花馍展团参加了“中国·平遥国际摄影展”。

11月，副县长杨云英率闻喜花馍展团赴安徽黄山参加“中国(黄山)非物质文化遗产传统技艺大展”。

2013年

1月，闻喜花馍赴澳门参加“民间艺术精品展”，花馍艺人董巧兰现场制作花馍；闻喜花馍赴山东梁山参加“2013国际厨艺大赛美食节”。

6月，闻喜花馍首次走出国门，赴蒙古首都乌兰巴托中国文化交流中心参加“‘黄土情’非物质文化遗产展”；同月，参加了文化部在山西省贸促会举办的“非遗”展览。

7月，闻喜花馍受邀参加“‘文化三晋，美丽山西’首届山西省文化产业博览会”，在太原精彩亮相。

2014年

联合国教科文非物质文化遗产保护政府间委员会咨询专家、联合国教科文民间艺术国际组织IOV全球发展副主席、中国区主席陈平女士专程来闻喜县调研闻喜花馍。

2016年

中央电视台科教频道的春节特别节目《我们的节日》栏目组拍摄和介绍闻喜花馍，以此展现中国丰富多样的传统节日文化。

2017年

2月，应台湾邀请，以“两岸一家情，欢乐春节行”为主题的山西省非物质文化遗产面食艺术，在台湾举行大型展演。

中央电视台旅游频道《中华百工》录制微纪录片，选取拥有悠久历史、丰富文化以及可传承的非遗项目——闻喜花馍，用通俗易懂的方式，从非遗的保持价值来探索非遗的生命力。

2018年

8月，中国山西食品餐饮博览会暨中国大同面食文化节在大同市西城墙清远门瓮城内隆重举办，最大的佛像面塑既再现了云冈石窟的艺术风韵，使石刻大佛巍然屹立于大同古老的城墙上，又展示了闻喜花馍精湛丰富的捏制技艺，堪称两种古老艺术的完美结合。

2020年

深挖花馍产业发展优势，在西北农林科技大学专家的指导下，解决了花馍长途运输储存难题，将冷链运输中的花馍存储期提升至三十天以上。

2021年

9月，在新疆乌鲁木齐市举行全国乡村振兴职业技能大赛上，色彩艳丽、造型别致的闻喜花馍展品惊艳亮相。

2022年

7月，闻喜花馍参加第三届全省职业技能展示交流，展现闻喜特色劳务品牌文化内涵。

8月，山西文旅融媒中心云录制“云上非遗季——山西技艺系列——闻喜花馍”节目。

2023年

5月，省级劳务品牌“闻喜花馍”技能培训班开班，不断提升“闻喜花馍”的技术含量和品牌信誉，扩大其从业规模及产业容量，进一步促进更多城乡劳动力实现高质量就业。

2024年

1月，闻喜花馍品牌与国家、省科研单位及大专院校联合组建研发团队，以“龙年吉祥”为主题，研制开发“枣花”“元宝人”“元宝篮”等春节花馍产品，以及清明节、中秋节、重阳节等系列节日花馍产品，装点传统节日，弘扬非遗文化。

二、参考文献

专著

［1］段改芳，王江.民间面花［M］.北京：中国轻工业出版社，2008.

［2］地方志编纂委员会.闻喜县志［M］.北京：中国文史出版社，2012.

［3］王村树.中国民间美术史［M］.广州：岭南美术出版社，2005.

［4］贾思勰.齐民要术［M］.呼和浩特：远方出版社，2007.

［5］邱庞同.知味难·中国饮食之源［M］.青岛：青岛出版社，2015.

［6］乌丙安.中国民间信仰［M］.长春：长春出版社，2014.

［7］鲁汉.民间面花［M］.南昌：江西美术出版社，2006.

［8］王文章.非物质文化遗产概论［M］.北京：文化艺术出版社，2006.

［9］赵敏利，尹小林.国学备览［M］.北京：首都师范大学出版社，2007.

［10］孟元老.东京梦华录［M］.北京：中华书局，1985.

［11］封演.封氏闻见记校注［M］.北京：中华书局，1958.

［12］杨韨田，等.闻喜县志［M］.余宝滋修，台北：成文出版社，1969.

［13］丁世良，赵放.中国地方志民俗资料汇编·华北卷［M］.北京：书目文献出版社，1989.

期刊论文

［14］张美玉.花馍文化产业营销策略初探——以闻喜“卫嫂花馍”为例［J］.美术大观，2014（10）：88.

［15］谢晋业.关中花馍艺术研究［J］.湖南包装，2020，35（06）：53-56.

［16］张冰冰.浅析中国传统吉祥纹案的民族文化内涵［J］.美与时代（上），2019（07）：18-19.

［17］孙绪静.晋南传统婚俗中的礼馍艺术浅谈［J］.文物世界，2008（03）：77.

［18］姚勤智.山西面食文化的成因、特点及饮食习俗［J］.山西师大学报（社会科学版），2004（01）：86-89.

［19］闫晓华.悠悠乡土塑真情——山西闻喜花馍的

艺术特征及文化内涵［J］.装饰，2012（01）：108-109.

［20］解书琪.晋南面塑艺术的民俗文化内涵研究［J］.牡丹，2019（23）：25-26.

学位论文

［21］白晓旭.“有馍就有事　有事就有馍”：闻喜花馍的饮食人类学研究［D］.呼和浩特：内蒙古师范大学，2018.

［22］郭阳.山西花馍的造型艺术及其文化性研究［D］.杭州：浙江农林大学，2012.

［23］闫丽源.山西花馍的民俗造型艺术研究［D］.太原：山西大学，2012.

［24］王泓力.探究山西闻喜民间面塑艺术的色彩源流［D］.太原：山西师范大学，2015.

［25］郭瑞娟.“巧儿”：山西闻喜花馍传承人研究［D］.银川：北方民族大学，2020.

［26］任雅茹.传播学视野下山西闻喜花馍的仪式文化研究［D］.西北大学，2020.

《国家级非物质文化遗产代表性项目
山西省保护成果丛书》书目

书　名	作　者	定价（元）
左权小花戏	刘红庆　弓宇杰	98.00
左权开花调	毛瑞环　树难栽	98.00
祁太秧歌	刘红庆　弓宇杰	98.00
绛州鼓乐	毛　�　毛上虎	98.00
襄垣炕围画	张　翼	98.00
莲花落	田家宾	98.00
形意拳	王子虎　李晋萍	98.00
岚县面塑	卫才华	98.00
文水鈲子	武晓辉	98.00
平遥纱阁戏人	杨　婕	98.00
澄泥砚制作技艺	高忠严　史小凯　蔺霄麟	73.00
高跷走兽	李筠霞	73.00
牛郎织女传说	侯姝慧	63.00
闻喜花馍	吴白莹　李　莉	58.00
平遥推光漆器髹饰技艺	刘小旦　薛梦瑶　常冰瑜	78.00
平阳木版年画	张惠玲	63.00
惠畅土布制作技艺	梁孟华　胡精杰	68.00